南京水利科学研究院专著出版基金资助

沙质海岸工程动力泥沙
研究及现场勘查

徐 啸 著

海洋出版社

2020 年 · 北京

内容简介

作者将多年从事海岸工程动力和泥沙运动研究成果汇集成书,分为《淤泥质海岸工程动力泥沙研究》和《沙质海岸工程动力泥沙研究及现场勘查》两部分,本书为第二部分。

主要内容为:波浪条件下沙滩的冲淤类型、沿岸输沙率的计算、沙泥混合型岸滩及"沙泥分界点"的探讨,波流共同作用下模型的相似问题、模型沙的选择及模拟技术等;对近海采沙问题的研究途径也进行了探讨。本书还用较多篇幅介绍了关于海岸工程问题的现场调查、考察和勘查的实例。

本书可供近海工程有关的科研人员和学生参考使用。

图书在版编目(CIP)数据

沙质海岸工程动力泥沙研究及现场勘查 / 徐啸著. —北京:海洋出版社,2020.4
ISBN 978-7-5210-0587-5

Ⅰ.①沙… Ⅱ.①徐… Ⅲ.①沙质海岸-泥沙运动-研究②沙质海岸-海岸工程-现场勘查-研究 Ⅳ.①TV148②P753

中国版本图书馆 CIP 数据核字(2020)第 039944 号

沙质海岸工程动力泥沙研究及现场勘查
Study on Sandy Coastal Engineering Dynamics and
Sediment Transport and Field Surveying

责任编辑: 高朝君　侯雪景
责任印制: 赵麟苏

海洋出版社 出版发行

http://www.oceanpress.com.cn
北京市海淀区大慧寺路 8 号　邮编:100081
中煤(北京)印务有限公司印刷
2020 年 4 月第 1 版　2020 年 4 月北京第 1 次印刷
开本:787 mm×1092 mm　1/16　印张:16
字数:340 千字　定价:98.00 元
发行部:62100090　邮购部:68038093
总编室:62100971　编辑部:62100038
海洋版图书印、装错误可随时退换

前　言

徐啸，1943 年生，1961 年入河海大学（当时为"华东水利学院"）河川系水工专业学习。1968—1978 年在水利电力部第七工程局从事水利工程技术工作。

1978 年考取河海大学研究生，师从严恺教授学习海岸动力学，研究生学业完成后，即到南京水利科学研究院（其间 1985 年赴美国佛罗里达大学进修 2 年），近 40 年来一直从事海岸工程动力泥沙方面的研究工作。

深感幸运的是，无论在河海大学还是在南京水利科学研究院期间，指导我学习和工作的老师和前辈们都是国内海岸动力学领域的知名学者。他们不仅在理论上悉心指导，在工作方法上也严格要求并以身作则。其中有：

河海大学的严恺教授和任汝述、薛鸿超、顾家龙、洪广文老师等；

美国佛罗里达大学的 R. Dean 和 A. J. Mehta 教授等；

南京水利科学研究院的窦国仁、陈子霞、刘家驹、罗肇森等学术前辈；还有黄建维、张镜潮、喻国华、孙献清等学长和同事。

对我有过较大帮助的还有陈士荫、顾民权、陈惠泉教授等。

纵观 40 年来，这些良师益友对我最大的教诲和帮助主要有以下几方面：

（1）科研工作者必须具有全面扎实的专业理论知识，除了要反复不断地学习海岸动力学基本理论，还要积极主动地积累和吸收国内外最新研究成果和有关资料，关注科学知识的更新和发展。

（2）积极参与海洋工程科研工作实践。要亲自参与科研工作的全过程，要亲自动手解决问题，要在本学科科研工作领域内掌握系统而全面的专业知识和较强的科研工作能力。由于海岸动力条件十分复杂，许多问题还无法运用理论来解决，为此经验尤为重要，要在不断的科学实践中积累经验和知识。

（3）我国海岸自然条件复杂多样，对海岸工程的要求以及解决问题的途径、方法往往也各不相同。为此，科研工作者应积极主动地到现场进行实地踏勘、调查和收集、分析资料。

（4）"大道从简"，要善于从错综复杂的各种动力因子和边界条件中抓住主要矛盾并"放弃"一些次要因子，但必须深刻了解这种"放弃"可能产生的后果。

遵循前辈们的教导，几十年来在近海工程动力泥沙运动的基本规律方面一直进行不倦的学习、工作和探索，积极参与近海工程科研工作实践，先后主持负责完成厦门港、洋山深水港、唐山港等国内大型港口建设的可行性研究；负责完成的科研任务达 100 余项；还对我国海岸和海岛进行了大范围的现场实地考察、踏勘和调查。

在此期间，结合科研工作实践和体会，撰写了不同岸滩条件下海岸工程的动力特性及相应的泥沙运动规律方面的一些研究论文。这些论文可以大体分为淤泥质海岸工程条件和沙质海岸工程条件两大部分，并将部分论文整理汇编成书。

本书主要涉及沙质海岸工程动力泥沙运动有关问题，内容包括：

通过物理模型试验研究波浪条件下沙滩的冲淤类型及判数；

从沙滩冲淤类型和冲淤趋势的角度，应用波浪动床物理模型，研究近海采沙对岸滩稳定性的影响；

探讨应用数学模型计算波浪条件下岸线变化的适用条件及其局限性；

探讨应用现场实测波浪资料直接计算沿岸输沙率的方法；

研究探讨波、流条件下沙质-粉砂质海岸的泥沙运动规律和有关的模型相似律；在整体模型中较好地实现了波、流同时作用（斜向相交）整体物理模型的设计、制作和验证；

基于大量现场资料，提出"沙泥混合型岸滩"的概念及"沙泥分界点"指标，结合实验室试验研究探讨了人工沙滩的"泥化现象"机制，并在此基础上对淤泥质岸滩条件下建设人工沙滩的可能性进行了积极的探索；

本书还用较多篇幅介绍了课题组结合具体海岸工程问题进行现场调查、考察和勘查的实例。此部分主要章节由崔峥同志撰写。

感谢课题组佘小建、崔峥、毛宁、张磊等，近 20 年来在进行与本书论文有关的试验研究过程中和有关资料的收集整理分析时给予的大量帮助和支持。还要感谢尹谈铃对本书中大量图片的精心绘制和加工。

本书的出版得到南京水利科学研究院出版基金的资助，谨此表示衷心感谢！

徐　啸

2020 年 4 月

目 录

第一部分
沙滩及波浪、泥沙运动机理研究

第二部分
沙滩及波浪、泥沙运动实例研究

第三部分
沙滩和人工沙滩问题现场勘测研究

第一部分

沙滩及波浪、泥沙运动机理研究

二维沙质海滩的类型和冲淤判数

摘　要： 向岸–离岸方向泥沙运动是沙质岸滩演变过程中的一个重要部分。笔者在波浪水槽中进行了二维冲滩试验，在此基础上研究了岸滩各种类型及它们的输沙特点；依据近岸波浪动力结构特点，讨论了近岸泥沙运动规律及影响岸滩冲淤变化的主要参数，最后运用拜格诺（Bagnold）能量模式导得沙质岸滩冲淤类型的判别式。

关键词： 沙质海滩；类型；冲淤判数

1　前言

近岸泥沙运动是个三维过程，但沙质岸滩剖面形态主要由横向输沙所塑造。近 40 年来，随着海岸工程的发展，进行了较多的二维海滩试验研究，本文就是在这些研究基础上进行的。

文中主要探讨岸滩剖面冲淤的基本类型和相应的输沙特点、影响冲淤的主要动力参数及岸滩冲淤判别式的物理意义，寻求它的一般形式，以便找到预测岸滩冲淤趋势的方法。

2　岸滩剖面类型和冲淤判数研究现状

20 世纪初，戴维斯（Davis）和芬涅曼（Fenneman）等地理学家首先从静力地貌学角度对岸滩进行分类，虽能解释某些宏观现象，但无法解释近岸海滩演变过程和泥沙输移规律，更无法预测海岸工程所关心的岸滩近期演变趋势。20 世纪 40 年代以来，海岸科学工作者逐渐引入动力学的研究方法，即依据海滩所处的动力环境及其对海滩的作用来研究分析岸滩演变规律。学者们进行了广泛的试验研究和部分现场观测，通过这些研究，认识到各种岸滩形态都是特定动力条件作用的结果，两者之间有着互为因果的关系。学者们试图建立它们之间的关系，表 1 列出了近 40 年来在这方面取得的主要成果。

由表 1 可以看出，直到 20 世纪 70 年代初，人们还习惯采用"平衡剖面""沙坝（Bar）型""阶地（Step）型"等术语来描绘岸滩地貌特征，这些术语基本上还属于静力地貌学的范畴。20 世纪 70 年代后才逐渐采用"侵蚀型""过渡型""淤积型"等术语来描绘岸滩地貌特征，也说明更多地采用动力地貌学方法来研究岸滩演变规律。侵蚀型或淤积型岸滩指的是未达到平衡状态之前变化过程中的岸滩形态，一旦达到平衡状态，这时基本上无冲淤变化，也就无所谓侵蚀型或淤积型。

从表 1 还可以看出，自 20 世纪 70 年代以来，学者们根据一定动力条件下岸线进退和泥沙运动趋势对岸滩的冲淤类型和界限进行了较多研究工作。其中比较突出的有 Dean[1]、Sunamura[2] 及 Hattori[3] 等。众所周知，岸滩剖面形态取决于波浪作用下的向岸-离岸方向泥沙运动规律，但直到现在我们还未能充分掌握这方面的机理，因此，表 1 中所列的岸滩类型判别式不少仍属于经验或半经验性质的，有的未能考虑较重要的动力因子作用。现设法通过二维沙质海滩波浪冲滩试验，观察研究各种类型海滩剖面的输沙特点，进而探求物理图像较清晰的预测岸滩冲淤的判别式。

表 1　岸滩冲淤判数及岸滩类型

作者	年份	岸滩冲淤判数	岸滩类型	备注
Johnson	1949	$H_0/L_0 > 0.030$ $H_0/L_0 < 0.025$	风暴型 正常型	H_0——深水波高 L_0——深水波长
佐腾清一	1950	$i_0 > 8°$ $i_0 < 8°$	侵蚀型 淤积型	i_0——岸滩初始坡度 $(i = \tan\beta)$
Rector R. L.	1954	$d_{50}/L_0 < 0.0146 \ (H_0/L_0)^{1.25}$ $d_{50}/L_0 > 0.0146 \ (H_0/L_0)^{1.25}$	泥沙离岸运动，岸滩侵蚀 泥沙向岸运动，泥沙淤积	d_{50}——泥沙中值粒径
岩垣雄一，野田英明	1962	岸滩类型（Bar, Step）$= f \ (H_0/L_0, \ H_0/d_{50})$		
Nayak	1970	岸滩类型 $= f \ [H_0/L_0, \ H_0/(r_s \ d_{50})]$		r_s——泥沙容重
Earattupuzha	1972	$h_s \geq h_t$ $h_s < h_t$	正常型 风暴型	h_s——孤立波水深 h_t——泥沙起动水深
Dean R. G	1973	$H_0/L_0 > 1.7\pi\omega/(gT)$ $H_0/L_0 < 1.7\pi\omega/(gT)$	泥沙离岸运动，侵蚀型 泥沙向岸运动，淤积型	ω——沉速 T——波周期
堀川清司，砂村继夫，鬼头平三	1973	$H_0/L_0 \geq 17.2 \ (d/L_0)^{0.67}$ $H_0/L_0 \leq 9.2 \ (d/L_0)^{0.67}$ $9.2 \ (d/L_0)^{0.67} < H_0/L_0 < 17.2 \ (d/L_0)^{0.67}$	侵蚀型（Ⅰ型） 淤积型（Ⅲ型） 过渡型（Ⅱ型）	
Sunamura T. Horikawa K.	1974	$H_0/L_0 \geq 8 \ (\tan\beta)^{-0.27} \ (d/L_0)^{0.67}$ $H_0/L_0 \leq 4 \ (\tan\beta)^{-0.27} \ (d/L_0)^{0.67}$ $4 \ (\tan\beta)^{-0.27} \ (d/L_0)^{0.67} < H_0/L_0 <$ $8 \ (\tan\beta)^{-0.27} \ (d/L_0)^{0.67}$	Ⅰ型 Ⅲ型 Ⅱ型	Ⅰ型——侵蚀型 Ⅱ型——过渡型 Ⅲ型——淤积型
美国陆军海岸研究中心	1975	$F = H_0/\omega T > 1$ $F = H_0/\omega T < 1$	侵蚀型 淤积型	

续表

作者	年份	岸滩冲淤判数	岸滩类型	备注
尾崎晃，渡边摇	1976	$(H_0/L_0)^{0.75}(\sqrt{gHb}\,d_{50}^{-1.8}\tan\beta)>164$ $(H_0/L_0)^{0.75}(\sqrt{gHb}\,d_{50}^{-1.8}\tan\beta)<164$	Ⅰ 型 Ⅱ、Ⅲ 型	H_b——碎波高
尾崎晃，曳田信一	1977	$(H_0/L_0)^{0.16}(\sqrt{gHb}\,d_{50}^{-1.8}\tan\beta)>64$ $(H_0/L_0)^{0.16}(\sqrt{gHb}\,d_{50}^{-1.8}\tan\beta)<64$	Ⅰ 型 Ⅱ、Ⅲ 型	
Hattori M.，Kawamata R.	1980	$(H_0/L_0)\tan\beta/(\omega/gT)>0.5$ $(H_0/L_0)\tan\beta/(\omega/gT)=0.5$ $(H_0/L_0)\tan\beta/(\omega/gT)<0.5$	侵蚀型 过渡型 淤积型	
董凤舞	1980	$W>(11.6F)^{0.5}$ $W<(11.6F)^{0.5}$ $(3F)^{0.5}<W<(43.5F)^{0.5}$ 式中：$W=(H_0/L_0)(H_0/d_{50})[i_0+1/(\sqrt{gd_{50}}\,d_{50}/v)]$ $F=[1.65r/(r_s-r)]^2[(H_0/L_0)^{0.5}/10^5 d_{50}]+(H_0/L_0)$	Ⅰ 型 Ⅲ 型 Ⅱ 型	

3　岸滩剖面类型的试验研究

3.1　试验条件、组次和观测内容

试验布置情况如图 1 所示。所有试验波浪水槽水深均为 39 cm。采用两种级配普通石英砂，粗砂中值粒径 $d_{50}=0.69$ mm，细砂中值粒径 $d_{50}=0.30$ mm，标准偏差分别为 1.14 及 1.75；分选系数分别为 1.10 及 1.41。试验组次及有关参数见表 2。在各组试验中均定时记录波浪参数、水位及水温。地形变化系沿各条水槽中心线测量。部分试验还采集床面沙样进行粒径分选情况分析。

表 2　试验组次及有关参数

组次	d_{50} = 0.30 mm			d_{50} = 0.69 mm			H_0/cm	T/s	试验时段/h
	No. 1	No. 2	No. 3	No. 4	No. 5	No. 6			
A-1	1/5	1/10	1/15	1/20	—	1/10	6.8	1.25	8
A-2	1/5	1/10	1/20	—	1/20	1/10	6.8	1.25	54
B-1	1/5	1/10	1/15	1/20	—	1/20	5.1	1.25	8
C-1	1/5	1/10	1/15	1/20	—	1/10	6.8	1.00	8
C-2	1/5	1/10	1/20	—	1/20	1/10	6.8	1.00	22
C-3	1/5	1/10	1/20	—	1/20	1/10	6.8	1.00	136

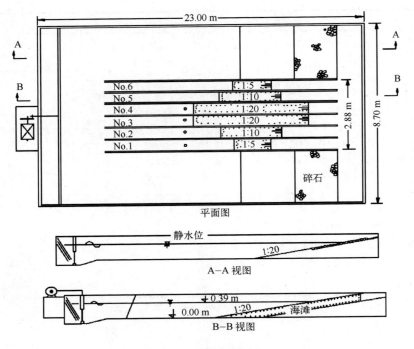

图 1　波浪水槽布置

3.2　向岸–离岸净输沙量

根据输沙连续方程[4]：

$$\frac{\partial z}{\partial t} = \frac{1}{1-n}\frac{\partial q}{\partial x} \tag{1}$$

在时段 Δt 内剖面上任一点平均净输沙率增量 $\Delta \bar{q}$ 为

$$\frac{\Delta \bar{q}}{1-n} = \frac{\Delta z}{\Delta t}\mathrm{d}x \tag{2}$$

式中： n 为孔隙率。在 Δt 内 x 处平均净输沙率为

$$q = \frac{\bar{q}}{1-n} = \frac{1}{\Delta t}\int_{x_0}^{x}\Delta z \approx \sum_{x_0}^{x}\frac{\Delta z \Delta x}{\Delta t} \tag{3}$$

式中： x_0 为海岸上泥沙发生移移的极限位置。于是在 Δt 内通过剖面上 x 点处净输沙量为

$$\Delta Q = q\Delta t = \sum_{t_0}^{t}\Delta z \Delta x \bigg|_{t_0}^{t_0+\Delta t} \tag{4}$$

波浪作用 t 时后，通过 x 点的净输沙总量为

$$Q = \sum_{t_0=0}^{t}\Delta Q = \sum_{t_0}^{t}\Delta z \Delta x \bigg|_{t_0=0}^{t} \tag{5}$$

这样，只要掌握任一时刻剖面地形，与初始剖面相比较，即可计算出某时段内岸滩剖面上任一点处泥沙净输运量的大小和方向。剖面上净输沙量分布规律与岸滩冲淤类型有内在的联系，特别是最大净输运量 Q_m 的位置是研究岸滩输沙运动和冲淤规律的一个重要特征量，在以后探讨预测岸滩冲淤的方法时，再做进一步讨论。

3.3　岸滩剖面类型

依据实验室观测资料，并对比前人所进行的工作，仍以岸线（水边线）的冲淤变化和近岸带泥沙输运特点为主要指标，将岸滩分为以下几类：

侵蚀型　Ⅰ 型

过渡型　Ⅱ-1 型及Ⅱ-2 型

淤积型　Ⅲ-1 型及Ⅲ型

为方便起见，现将这几种类型剖面定义及特点绘于图 2。关于侵蚀型和淤积型，定义较清楚；但过渡型输沙情况较复杂，下面对此种剖面输沙特点作简要介绍。

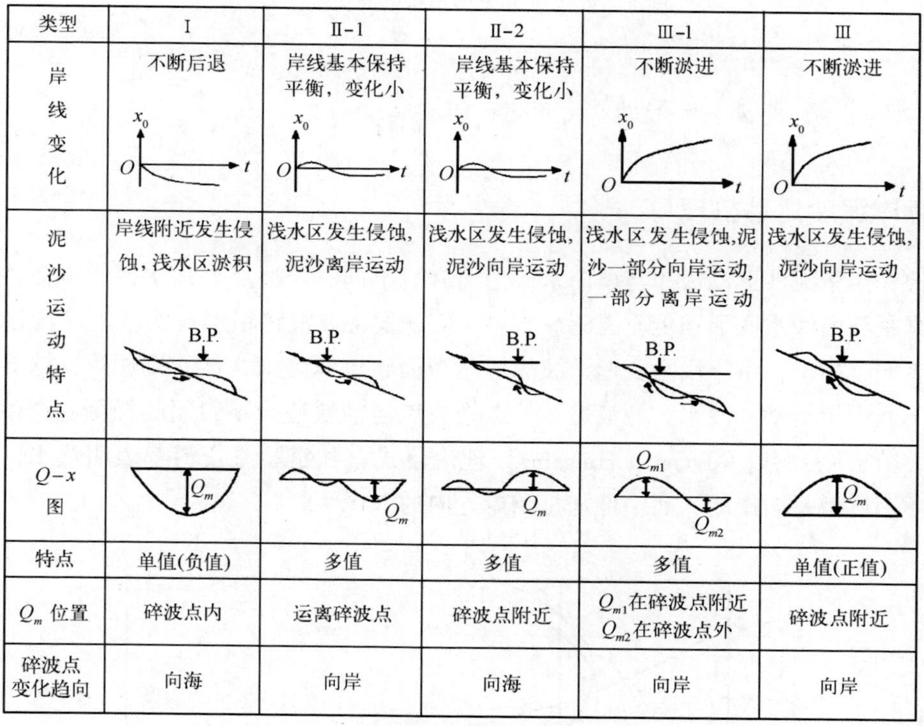

类型	Ⅰ	Ⅱ-1	Ⅱ-2	Ⅲ-1	Ⅲ
岸线变化	不断后退	岸线基本保持平衡，变化小	岸线基本保持平衡，变化小	不断淤进	不断淤进
泥沙运动特点	岸线附近发生侵蚀，浅水区淤积	浅水区发生侵蚀，泥沙离岸运动	浅水区发生侵蚀，泥沙向岸运动	浅水区发生侵蚀，泥沙一部分向岸运动，一部分离岸运动	浅水区发生侵蚀，泥沙向岸运动
Q-x 图	Q_m	Q_m	Q_m	Q_{m1} Q_{m2}	Q_m
特点	单值(负值)	多值	多值	多值	单值(正值)
Q_m 位置	碎波点内	运离碎波点	碎波点附近	Q_{m1}在碎波点附近 Q_{m2}在碎波点外	碎波点附近
碎波点变化趋向	向海	向岸	向海	向岸	向岸

图 2　各类岸滩剖面特点

（1）过渡型海滩剖面与相应动力条件处于相对比较协调的状态，这时净输沙量较小，Q_m 值也较小，图 3 为Ⅱ-2 型与Ⅲ型两类剖面的比较。

（2）过渡型岸滩的岸线也处于相对稳定状态，表现为对动力条件的变化甚为敏感，岸线时淤时冲，时进时退，但净输沙量却很少。

（3）当泥沙颗粒较细时，一般多呈Ⅱ-1型；泥沙颗粒较粗时多为Ⅱ-2型岸滩形态。

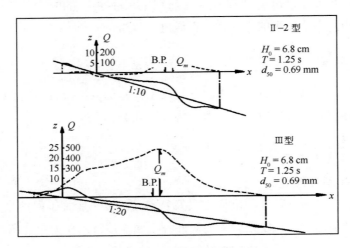

图3　Ⅱ-2型和Ⅲ型两种剖面实例比较

4　岸滩冲淤判数一般形式的探讨

4.1　近岸泥沙运动机理

波浪作用下泥沙运动规律与单向水流情况有所不同，碎波点外浅水区影响泥沙运动的主要因素是波浪浅水变形和传质波流。很早人们就发现波浪将粗颗粒泥沙向岸输移，19世纪末学者们就指出，由于浅水变形，波峰历时短而轨迹速度大，波谷则相反，这导致粗颗粒泥沙不断向岸运动。浅水区波浪另一特点是质点运动轨迹为不封闭的椭圆，产生质量输送水流。劳格-希京斯（Longuet Hinggins）理论公式[5]和实验室资料都表明浅水区底部水质点传质速度都是向岸的，而中部却是离岸方向的（图4）。

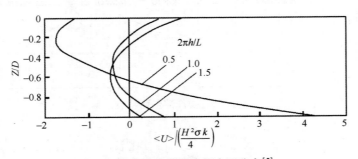

图4　浅水区传质速度沿水深分布[5]

动力条件的特征决定泥沙运动的特征。波浪进入浅水区后，随着轨迹速度的增大，床面形成沙纹，波峰到达时泥沙沿沙纹迎水面运动到沙纹背水面横轴旋涡轴中，旋涡的强烈紊动使较细颗粒悬浮；波谷到达时静水压力减少，较细颗粒泥沙易于向上悬浮，在离岸方向轨迹速度和传质速度共同作用下，悬沙作离岸运动。故波动条件下浅水区底沙主要作向岸运动而悬沙主要作离岸运动，这两者的比值决定了岸滩的冲淤状态，这就是我们讨论岸滩冲淤判数的基本出发点。

4.2　影响岸滩冲淤的主要参数

迄今为止，所有预测岸滩变化的指标都离不开波陡、波浪强度、泥沙特性及岸滩坡度等因素，只是参数的组合形式不同。影响岸滩变化的主要因子有：波动力，H、T；泥沙特性，d_s、ρ_s、σ、α；岸滩坡度，i（$i = \tan\beta$，β 为坡面与水面之夹角）；流体特性，ρ、μ、g等。σ 为泥沙均匀系数，α 为休止角，一般情况下可暂不考虑这两个因素的影响。d_s 为泥沙特征粒径，ρ_s 为泥沙容重；μ 为流体黏滞系数。岸滩冲淤状态可用下面函数关系式表示：

岸滩类型 $= f(H, T, d_s, \rho_s, i, \rho, \mu, g)$

如以岸滩演变过程中起主要作用的波高 H 为基本参照尺度，并考虑到泥沙沉速：

$$\omega = f\left(C_D \frac{\rho_s - \rho}{\rho} g, \ d_s\right)$$

式中：C_D 为泥沙沉降时绕流阻力系数，则可得

$$岸滩类型 = f\left(\frac{gT^2}{H}, \ \frac{\omega^2 g^{-1}}{H}, \ \frac{v(gT)^{-1}}{H}, \ \frac{d_3^2 T^{-2} g^{-1}}{H}, \ i\right)$$

$$= f\left(\frac{H}{L}, \ \frac{\sqrt{gH}}{\omega}, \ \frac{gHT}{\nu}, \ \frac{\sqrt{gH}T}{d_s}, \ i\right)$$

上式中各综合因子的物理意义如下：

H/L 为波陡。坦波进入浅水区后更接近孤立波，波能集中于波峰区，且床面上水质点均向岸运动，导致较粗颗粒泥沙向岸输移；此外，坦波的能量在铅垂方向沿水深分布也更均匀，作用深度大，有利于将泥沙挟运到击岸波区。故而波陡是岸滩冲淤变化过程中一个重要参数。

$\dfrac{\sqrt{gH}}{\omega}$，波高是波浪运动中基本因子，故 $\sqrt{gH}$ 体现流体的动力作用，ω 体现作用于泥沙的重力作用。岸滩泥沙向岸-离岸运动趋势实质上取决于流体动力与泥沙重力作用之比值，所以，可把 $\dfrac{\sqrt{gH}}{\omega}$ 看成是波浪作用于泥沙的相对强度。

$\dfrac{\sqrt{gH}T}{d_s}$，其中 $\sqrt{gH}$ 的因次是速度，用来表征波动水体某特征速度 $\hat{u}$，$\sqrt{gH}T$ 即表示水质

点在一个波周期内特征位移长度 $\hat{L}$，d_s 为泥沙特征粒径；故 $\dfrac{\sqrt{gH}\,T}{d_s}$ 可看成是床面处相对糙率。

$\dfrac{gHT}{\nu}$，如上分析，$\sqrt{gH}\sim\hat{u}$，$\sqrt{gH}\,T\sim\hat{L}$，$gHT\sim\hat{u}\hat{L}$，则 $\dfrac{gHT}{\nu}\sim\dfrac{\hat{u}\hat{L}}{\nu}$。此参数物理意义类似于波动条件雷诺数。

根据 Jonsson 研究成果[6]，波动条件下床面处摩阻系数 f_w 主要与雷诺数 $R_e=\dfrac{u_b A_b}{\nu}$ 和床面相对糙率 $\dfrac{A_b}{d_s}$ 有关。u_b 和 A_b 分别为床面处最大轨迹速度和轨迹振幅。显然可以将 $\dfrac{gHT}{\nu}$ 和 $\dfrac{\sqrt{gH}\,T}{d_s}$ 近似看成是 $\dfrac{u_b A_b}{\nu}$ 和 $\dfrac{A_b}{d_s}$。$\dfrac{gHT}{\nu}$ 和 $\dfrac{\sqrt{gH}\,T}{d_s}$ 实际上反映了波浪条件下床面对底沙运动的摩阻作用。

i 为岸滩坡度，也可用 $\tan\beta$ 表示。

上面从因次分析角度讨论了影响岸滩类型的主要参数，下面探讨岸滩冲淤判别式的形式。

4.3　预测岸滩冲淤类型判别式

根据上述二维海滩浅水区波动条件下泥沙运动特点，应用 Bagnold 输沙能量模式[7]，取碎波点外附近一垂直断面 A–A'（图 5），设单位面积床面上底部向岸运动的泥沙体积为 V_b，其重量为

$$G = (\rho_s - \rho)gV_b \tag{6}$$

其重力沿坡面方向的分力是

$$G\sin\beta = (\rho_s - \rho)gV_b \cdot \sin\beta \tag{7}$$

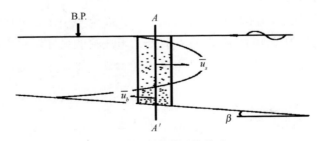

图 5　近岸泥沙运动模式

当底部泥沙向岸运动时，沿坡面阻力为

$$R = f_w(\rho_s - \rho)gV_b \cdot \cos\beta \tag{8}$$

式中：f_w 为波动条件下阻力系数。设底部泥沙输运速度为 $\bar{u}_b$，根据泥沙运动时克服阻力和重力所作的功率是由波能提供这一要求可得

$$(\rho_s - \rho)gV_b\,\bar{u}_b(f_w\cos\beta + \sin\beta) = e_b\overline{F} \tag{9}$$

式中：e_b 为效率系数，$\overline{F}$ 为二元推进波的时均波能流梯度：

$$\overline{F} = \mathrm{d}\left\{\frac{1}{16}\rho g\,H^2 c\left[1 + \frac{2kh}{\sinh^2(kh)}\right]\right\}\Big/\mathrm{d}x$$

因重量输沙率 $q_b = \rho_s g V_b \bar{u}_b$，可得

$$q_b = e_b\overline{F}\,\frac{\rho_s}{\rho_s - \rho}\,\frac{1}{f_w\cos\beta + \sin\beta} \tag{10}$$

用同样方法可得离岸方向悬沙重量输沙率为

$$q_s = e_s(1 - e_b)\,\frac{\rho_s}{\rho_s - \rho}\,\frac{\bar{u}_s}{\omega}\,\overline{F} \tag{11}$$

式中：e_s 为效率系数，$\bar{u}_s$ 为悬沙平均输移速度，ω 为泥沙平均沉速，可用 d_{50} 的沉速近似表示。

进而可得离岸输沙量与向岸输沙量之比值：

$$\frac{q_s}{q_b} = e\,\frac{\bar{u}_s}{\omega}(f_w + \tan\beta)\cos\beta \tag{12}$$

式中：$e = \dfrac{e_s\,(1 - e_b)}{e_b}$。当海滩比较平缓时，$\cos\beta \approx 1$（例如，当 $\tan\beta \approx 1/5$ 时，$\cos\beta \approx 0.98$）。则

$$\frac{q_s}{q_b} = e\,\frac{\bar{u}_s}{\omega}(f_w + \tan\beta) \tag{13}$$

显然可以认为 $\bar{u}_s$ 正比于悬沙范围内传质速度之平均值，由 Longuet-Higgins 理论可知：

$$\bar{u}_s \propto \overline{U}_0 = \frac{1}{2}\pi^2\delta^2 c\left(2 + \frac{1}{\sinh^2(kh)}\right) \tag{14}$$

或

$$\frac{\bar{u}_s}{c} = f\,(\delta,\ kh) = f\,(\delta,\ \delta\eta)$$

$\overline{U}_0$ 为按 Stokes 波浪理论算得的水面处平均传质速度，$\eta = \dfrac{h}{H}$ 为相对水深，$\delta = \dfrac{H}{L}$ 为波陡。

根据 Komar 等研究，在碎波点近似有：$H_b = rh_b$，r 为常数，则 $\eta_b \sim \mathrm{constant}$，从而

$$\frac{\bar{u}_s}{c} \approx f(\delta) \tag{15}$$

由艾里（Airy）波理论可知，浅水区波速 c 主要受控于水深，即：

$$c \sim \sqrt{gh_b} \sim \frac{1}{r}\sqrt{gH_b}$$

当岸滩坡度确定后，碎波点波高 H_b 与深水波之间的关系为：$H_b = H_0 f\left(\dfrac{H_0}{L_0}\right)$

从而得

$$\bar{u}_s = K\sqrt{gH_0}f\left(\frac{H_0}{L_0}\right) \tag{16}$$

设 $f\left(\dfrac{H_0}{L_0}\right) = \left(\dfrac{H_0}{L_0}\right)^n$，即为指数关系。代入式（13）可得

$$\frac{q_s}{q_b} = eK\left(\frac{H_0}{L_0}\right)^n\frac{\sqrt{gH_0}}{\omega}(f_w + \tan\beta) \tag{17}$$

或

$$\frac{q_s}{q_b} = C\cdot\left(\frac{H_0}{L_0}\right)^n\frac{\sqrt{gH_0}}{\omega}(f_w+\tan\beta)\begin{cases} >1，\text{泥沙净离岸运动，侵蚀}\\ <1，\text{泥沙净向岸运动，淤积}\end{cases}$$

式中：$C=eK$，为待定系数。上式中 $(f_w+\tan\beta)$ 体现了阻滞泥沙向岸运动的摩阻力及重力之间的相对作用，当岸滩坡度较陡（$\tan\beta$ 大），浅水区距离短，耗费于阻力上的波能相对较小，克服重力所做的功则较大；岸滩坡度平缓时，克服摩阻力所做的功相对较大。在一般试验研究中，f_w 主要取决于床面处动力条件及粒径条件，因此在相同的动力条件下，平坦岸滩坡度时的粒径所起的作用要大于较陡岸滩坡度情况。

确定阻力系数 f_w 值是比较困难的一个问题。本模式中"底部向岸运动的泥沙"运动形态复杂，只能概化为某种含沙密度较大的混浊水体在床面上的运动。这时阻力系数由水力学一般原理可知：

$$f = f\left(R_E, \frac{l}{d_s}\right)$$

在波动条件下，参照 Jonsson[6] 研究，可写成：

$$f_w = f\left(R_e, \frac{A_b}{d_s}\right)$$

R_e 及 A_b 物理意义前面已述及。我们采用 $d_s = d_{50}$。

按式（17），通过对前人 200 余组试验成果的整理分析得 $n=0.5$；当 $C>3.5$ 时为淤积型岸滩，当 $C<3.5$ 时为侵蚀型岸滩，过渡型岸滩的 C 值范围为 $2.9\sim4.5$，或

$$\left.\begin{array}{l} \left(\dfrac{H_0}{L_0}\right)^{0.5}\dfrac{\sqrt{gH_0}}{\omega}(f_w + \tan\beta) > 0.29 \quad（\text{侵蚀型}）\\[3mm] \left(\dfrac{H_0}{L_0}\right)^{0.5}\dfrac{\sqrt{gH_0}}{\omega}(f_w + \tan\beta) < 0.29 \quad（\text{淤积型}）\\[3mm] 0.22 < \left(\dfrac{H_0}{L_0}\right)^{0.5}\dfrac{\sqrt{gH_0}}{\omega}(f_w + \tan\beta) < 0.35 \quad（\text{过渡型}） \end{array}\right\} \tag{18}$$

过渡型为一带状区域，这也表明过渡型岸滩为相对平衡状态。验证情况参见图 6。

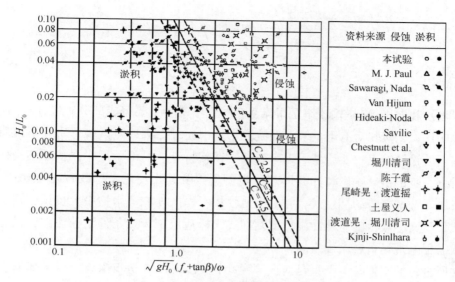

图 6　岸滩冲淤界限

4.4　讨论

在前面我们基于波浪作用下近岸泥沙运动基本特性，运用 Bagnold 能量模式导得判别岸滩冲淤趋势的一般关系式（17），可以认为式（17）是具有普遍意义的。需要说明，图 6 中的资料都是实验室条件下得到的，波高一般小于 10 cm，波周期为 1~2 s，泥沙条件比较复杂，大多数为原型沙。如将式（17）用来判别天然条件下岸滩冲淤趋势，由于比尺效应，待定系数 C 和指数 n 值将不同于图 6 中得到的数值。在目前条件下现场资料较缺乏，加之量测方法和取值标准不一致，一些有限的资料也难于应用分析。为此我们采用 Saville[8] 和 Kajima 等[9]，在大尺度波浪水槽中的试验资料点绘于图 7，波高 10 ~ 176 cm，波周期为 1.77~11.3 s。

由图 7 可以看出，在相对比较接近现场条件下的大尺度模型中，波陡因子作用小于小尺度模型，这时 $n = 0.24$，$C > 1.02$ 时为淤积型，$C < 1.02$ 时为侵蚀型，或：

$$\left(\frac{H_0}{L_0}\right)^{0.24} \frac{\sqrt{g\,H_0}}{\omega}(f_w + \tan\beta) > 0.98 \quad （侵蚀型）$$

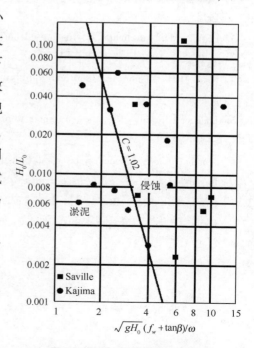

图 7　大比尺模型岸滩冲界淤限

$$\left(\frac{H_0}{L_0}\right)^{0.24}\frac{\sqrt{g\,H_0}}{\omega}(f_w+\tan\beta)\;<\;0.98\quad\text{（淤积型）}$$

5　结语

沿岸输沙和向岸-离岸输沙率是岸滩演变过程中两个主要组成部分，迄今对向岸-离岸输沙规律的认识仍然相对有限。笔者在波浪水槽中通过二维冲滩试验，研究了岸滩的各种类型和它们的输沙特点。然后基于近岸波浪力结构特点，讨论了近岸泥沙运动规律，通过因子分析进一步剖析影响岸滩冲淤形态的主要参数及其物理意义，最后运用 Bagnold 能量模式导得岸滩冲淤趋势的判别式，并广泛地收集了国内外波浪水槽中大量试验资料，验证了判别式。本文中导得的岸滩冲淤类型判别式同样适用于天然条件下的海滩，只是其中的待定系数需根据现场资料来确定。

本文所进行的工作基本上只是对向岸-离岸输沙规律的初步探讨，至于如何应用这些成果来预测天然岸滩冲淤趋势和变化过程将是下一步的工作。

参考文献

[1] Dean R G. Heuristic model of sand transport in the surf zone [C]. Engineering Dynamics of the Coastal Zone, First Australia on Coastal Engineering, Sydney, Australia, 1973.

[2] Sunamura T, Horikawa K. Two-Dimensiomal beach transformation due to waves [C]. Proc. 14th C. E. C., 1974.

[3] Hattori M, Kawamata R. Onshore-offshore transport and beach profiles changes [C]. Proc. 17th C. E. C., 1980.

[4] Swart D H. Offshore transport and equilibrium profiles [R]. Publication No. 131, Delft Hydraulics Laboratory, 1974.

[5] Longuet Hinggins M S. Mass transport in water waves [C]. Phil. Trans., Roy, Soc (London), 1953. Series A.

[6] Jonsson I G. Wave boundary layer and friction factors [C]. Proc. 10th C. E. C., 1966.

[7] Bagnold R A. Beach and nearshore process//The Sea [M]. New York：Elsevier-Interscience, 1963.

[8] Saville T Jr. Scale effects in two dimensional beach studies [C]. Proc. 6th C. E. C., 1957.

[9] Kajima R, et al. Experiments on beach profiles changes with a large wave flume [C]. Proc. 18th C. E. C., 1982.

（本文刊于《海洋工程》，1988 年第 4 期）

岸线模型在海岸工程问题中的应用

摘　要： 本文主要结合毛里塔尼亚友谊港具体工程，探讨了应用岸线数学模型模拟突堤上游淤积问题、突堤下游冲刷问题，岬角型海岸防护建筑物布置方式、结构形式以及岛堤附近岸线演变问题。计算实践表明，经过概化处理的岸线变化模型可以较好地复演和预演较长时段的岸线变化，已可直接用于一些典型条件，解决实际生产问题。物理模型和数学模型的相互配合，将是今后研究海岸泥沙问题的主要途径。

关键词： 岸线数学模型；工程应用

天然条件下的沙质海岸可近似认为处于动力平衡状态。修建海岸建筑物后，附近动力条件发生变化，进而引起邻近岸滩发生冲淤变化。研究这种变化规律具有重要现实意义。本文主要讨论用数值模拟方法研究海岸建筑物附近岸线变化有关问题。

1　岸线变化主控方程

输沙连续方程：

$$\frac{\partial Q}{\partial x} + \frac{\partial A}{\partial t} + q_1 + q_2 = 0 \tag{1}$$

式中：Q 为沿岸总输沙率，q_1 为岸侧边界进出沙量，一般设 $q_1 \approx 0$，q_2 为海侧边界进出沙量，如计算时段较长，可设 $q_2 \approx 0$，A 为横向断面积。

根据波能流守恒法则可得沿岸输沙率方程：

$$Q = K_1 (H_b^2 \, c_{gb}) \cos(\alpha_b - \delta) \sin(\alpha_b - \delta) \tag{2}$$

式中：H_b 为破碎波波高，c_{gb} 为碎波群速，α_b 为碎波波向角，δ 为岸线走向，根据 Komar 成果，$K_1 = 0.102$（$\mathrm{m^3/s}$）。Ozaka 等将 Bagnold 能量模式与 Bakker 沿岸流计算式相结合，导得可以考虑破碎波波高沿岸分布不等作用的沿岸输沙率公式[1]：

$$Q = H_b^2 \, c_{gb} \cos(\alpha_b - \delta) \left[K_1 \sin(\alpha_b - \delta) - K_2 \mathrm{ctan}\theta \frac{\partial H_b}{\partial x} \right] \tag{3}$$

式中：θ 为岸滩特征坡度，$K_2 = （0.0 \sim 2.0）K_1$。

2 波浪计算

2.1 入射波要素的确定

沿岸输沙率主要受控于波能流的沿岸分量，因此基于波能流原理选择特征波的波向角 $\bar{\alpha}$ 和波高 $\bar{H}$，即：

$$\bar{T} = \sum (T_i P_i) / \sum P_i \tag{4}$$

$$\bar{H} = \sqrt{\sum (H_i^2 T_i P_i) / (\bar{T} \sum P_i)} \tag{5}$$

$$\bar{\alpha} = \frac{1}{2} \arcsin \left[\sum (H_i^2 T_i \sin \alpha_i P_i) / (\bar{H}^2 \bar{T} \sum P_i) \right] \tag{6}$$

式中：T 为平均波周期，下标 i 表示波浪记录分类号，P_i 为相应于某类波浪出现的频率。

2.2 近岸波浪计算

波影区波浪绕射采用 Penney 等波浪绕射简化理论[2]。波浪折射采用波射线法[3,4]，控制方程为

$$K = \frac{\partial \alpha}{\partial s} = \frac{1}{c} \frac{dc}{dh} \left(\frac{\partial h}{\partial x} \sin\alpha - \frac{\partial h}{\partial y} \cos\alpha \right) \tag{7}$$

$$\frac{d^2 \beta}{dt^2} + p \frac{d\beta}{dt} + q\beta = 0 \tag{8}$$

其中：

$$p = -2 \frac{dc}{dh} \left(\frac{\partial h}{\partial x} \cos\alpha + \frac{\partial h}{\partial y} \sin\alpha \right) \tag{9}$$

$$q = c \left\{ \sin^2\alpha \left[q \frac{\partial^2 h}{\partial x^2} \frac{dc}{dh} + \left(\frac{\partial h}{\partial x} \right)^2 \frac{d^2 c}{dh^2} \right] - \sin2\alpha \left[\frac{\partial^2 h}{\partial x \partial y} \frac{dc}{dh} + \frac{\partial h}{\partial x} \frac{\partial h}{\partial y} \frac{d^2 c}{dh^2} \right] + \right.$$
$$\left. \cos^2\alpha \left[\frac{\partial^2 h}{\partial y^2} \frac{dc}{dh} + \left(\frac{\partial h}{\partial y} \right)^2 \frac{d^2 c}{dh^2} \right] \right\} \tag{10}$$

式中：c 为波速，α 为折射线水平倾角，β 为波强参数，s 为沿射线方向曲线坐标变量。波速 c 与水深 h 之间关系可用线性波理论确定。影响计算的关键是确定深度网格点参数，现用二次拟合曲面计算深度的局部变化，水深的拟合关系取为

$$h(x, y) = e_1 + e_2 x + e_3 y + e_4 x^2 + e_5 xy + e_6 y^2 \tag{11}$$

式中：x、y 是局部坐标变量，系数 $\{e_i\}$ 通过周边 12 个节点上深度值（图 1）应用最小二乘法确定。

波强参数 β 应用 FOX 公式求解：

$$\beta_{i+1}^{(n)} = \frac{(\Delta t P_i - 2) \beta_{i-1}^{(n)} + 2(2 - \Delta t^2 q_0) \beta_i^{(n)} + 2 \in_{i+1}^{(n-1)}}{2 + \Delta t P_i} \tag{12}$$

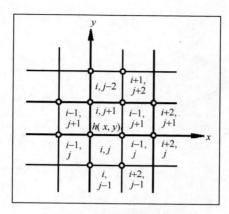

图 1　水深计算简图

式中：Δt 为波射线上两点之间的时间增量，上标（n）、（$n-1$）表示迭代序号。通过式（12）迭代计算，可依次求出沿射线各点波强，进而算出折射系数 K_r：

$$Kr = |\beta|^{-1/2} \tag{13}$$

2.3　碎波指标 r

本文采用砂村继夫建议的碎波指标：

$$r = 1.1\xi_0^{1/6} \tag{14}$$

式中：ξ_0 为 Battjes 提出的破碎波相似参数（Irribarrein 数）。

3　计算剖面和计算水深

岸滩剖面形态直接影响波浪浅水变形，在岸线模型中不可能精确模拟岸滩剖面，需应用平衡剖面概念进行简化处理。目前关于平衡剖面的机制及与之密切相关的向岸-离岸输沙规律的研究还很不够，所进行的简化处理都是经验性的。

本文在进行波浪计算时采用"Dean 剖面"，即假设岸滩剖面形态主要与波能损耗有关，在平衡剖面条件下有

$$h = K_a y^{2/3} \tag{15}$$

式中：h 为水深，y 为距岸法向距离，系数 K_a 不仅与颗粒特性有关，与波浪条件也有关。图 2 为 1986 年 12 月毛里塔尼亚友谊港突堤下游附近岸滩剖面图，可以看出离栈桥较远处 Dean 剖面与天然剖面相当一致，在建筑物附近岸滩剖面急剧冲淤处，Dean 剖面也要比平直均匀剖面更接近原型。

"计算水深 D_*"定义为 $D_* = \Delta A / \Delta y$，$\Delta A$ 为岸线移动 Δy 后岸滩剖面面积变化量，在岸线模型中假定 D_* 为定值，忽略向岸-离岸作用后，式（1）成为

$$\frac{\partial y}{\partial t} = -\frac{1}{D_*}\frac{\partial Q}{\partial x} \tag{16}$$

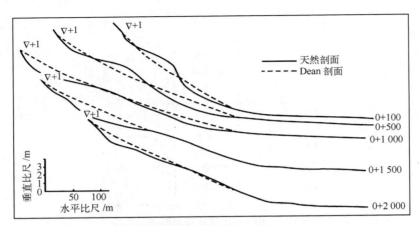

图 2　毛里塔尼亚友谊港港区下游岸滩剖面图（1986 年 12 月）

D_* 应该包括水上部分及水下部分（以平均海平面为界），即：$D_* = D_上 + D_下$。淤积时 $D_上$ 取到波浪爬高上限，冲刷时，由滩肩高度确定。水下部分用下法确定：设沿岸输沙带宽度为 L_1，岸滩剖面与平均海平面之间面积为 A，即：

$$A = \int_0^{L_1} h(y)\,\mathrm{d}y \tag{17}$$

在 Dean 剖面条件下沿岸输沙带外缘水深设为 D_c，$D_c = K_a L_1^{2/3}$，或 $K_a = D_c / L_1^{2/3}$，故：

$$A = \int_0^{L_1} \left(\frac{D_c}{L_1^{2/3}}\right) y^{2/3}\,\mathrm{d}y = \frac{3}{5} D_c L_1 \tag{18}$$

当岸线变化 Δy 时，$\Delta A = \frac{3}{5} D_c \,|\,L_2 - L_1\,| = \frac{3}{5} D_c \Delta y$，进而有

$$D_F = \frac{\Delta A}{\Delta y} = \frac{3}{5} D_c \tag{19}$$

$D_c = f(H, T, d_{50})$，d_{50} 为泥沙中值粒径。根据毛里塔尼亚友谊港现场地形及波浪计算资料分析，可用下式计算 D_c：

$$D_c = 8.0 \left(\frac{H_d}{\sqrt{g d_{50} T}}\right)^{1/2} + 2.0 \tag{20}$$

式中：H_d 为 -8 m 处波高（m），$g = 981$ cm/s^2，d_{50} 单位为 mm，T 的周期单位为 s，D_c 单位为 m。

4　边界处理

远离建筑物的开敞海滩，保持原输沙率，即：

$$Q_B = Q_0 \tag{21}$$

式中：Q_B 为边界处输沙率，Q_0 为当地原输沙率。

当有沿岸输沙障碍物，如丁坝、岛堤岬角或河口等，按以下两种情况处理，

完全拦沙 $$Q_B = 0 \qquad (22)$$

部分拦沙 $$Q_B = \eta Q_0 \qquad (23)$$

系数 $\eta \leqslant 1$，视拦沙效果而定。

5　应用岸线模型模拟研究工程实际问题

现结合毛里塔尼亚友谊港岸线变化情况探讨岸线模型在海岸工程问题中的应用。

5.1　毛里塔尼亚友谊港自然条件简介

5.1.1　地形地貌[5]

该处海岸为南北走向，面临大西洋，为开敞型平直海岸，长期岸滩变化资料表明，这里海岸处于动力平衡、略有冲刷状态。海滩由中沙组成，−8 m 以内滩坡为 1/30~1/25；−8 m 以外海底坡度明显变缓，为 1/1 000~1/500，且海底表层为 0~1.3 m 厚的深灰色细沙夹淤泥，说明床面处于相对稳定的环境中，故定义−8 m 为向岸-离岸输沙活动带边缘。因数学模型范围远大于实测资料范围，参照有关资料，突堤下游 2 500 m 以外岸线每向南 100 m 海岸向海前进 12 m；突堤上游 2 500 m 以外岸线每向北 100 m 海岸向岸退 5 m。

5.1.2　潮流和波浪

该海域为正规半日潮，平均潮差 0.93 m，平均海平面为 0.97 m，潮流较弱，流向向南。根据 1975—1985 年统计波要素，由前述波能流法可得入射波参数（表 1）。

表 1　计算波参数

波浪参数	测站（−9.5 m）	深水
T/s	6.72	6.72
$H_{1/10}/\mathrm{m}$	1.16	1.29
$H_{\mathrm{rms}}/\mathrm{m}$	0.64	0.72
$\alpha/(°)$	25.00	31.16

5.1.3　港口布置形式及岸线变化情况

毛里塔尼亚友谊港主体工程为岛堤式码头及栈桥两部分（图 3）。根据物理模型结果建议[6]，主体工程竣工后立即封堵透空栈桥并于 1985 年封堵完成。引起上游迅速淤积和下游严重侵蚀，栈桥下游 1 200 m 处 4 年半内后退了 180 m，为保护陆域港区，已在栈桥下游 670 m 处修建南挑钩形丁坝。图 3 绘制了主体工程竣工栈桥封堵后近 5 年内岸线变化情况。

5.1.4　沿岸输沙率、计算剖面和计算水深

港区沿岸输沙自北向南，已有不少研究人员从各种途径估算本区沿岸输沙率，大部分

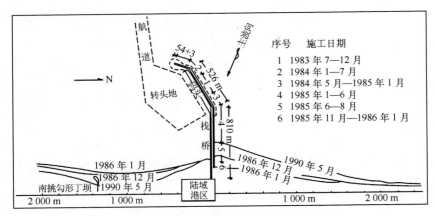

图 3　港区布置及岸线变化情况

范围在（60~100）×10⁴ m³/a 内。

应用图 3 栈桥上游岸线变化资料，采用不同计算水深可算得相应年输沙率，结果列于表 2。参照前人研究成果及近年岸滩剖面变化情况。最后确定上游边界处沿岸输沙率为（80~85）×10⁴ m³/a，计算水深 $D_* = 9$ m。

表 2　计算水深 D_* 及相应年输沙率 Q_0

参数	1986 年 1—12 月			1986 年 1 月—1990 年 5 月		
D_*/m	8.0	9.0	10.0	8.0	9.0	10.0
$Q_0/(\times 10^4\ \mathrm{m}^3 \cdot \mathrm{a}^{-1})$	76	85	95	67	75	84

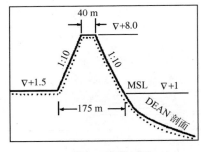

图 4　计算剖面

至于突堤下游，由表 1 所列波参数，可算得离突堤足够远处 $H_b = 1.02$ m，$\alpha_b = 11°$，由式（2）可得下游边界处沿岸输沙率为 80×10⁴ m³/a，在验证计算时调整为 85×10⁴ m³/a。

突堤下游计算水深 $D_* = D_上 + D_下$，$D_下$ 应用式（20）计算；岸线淤积时取 $D_上 = 3.0$ m，冲刷时 $D_上$ 按图 4 确定。

5.2　突堤上游岸线淤积形态的数值模拟

突堤上游不需考虑波浪绕射，动力条件比较简单，我们分别用解析解和数值解两种方法来描述岸线淤积过程。

对式（16）进行简化处理后可得解析解的控制方程：

$$\frac{\partial y}{\partial t} = K_b \frac{\partial^2 y}{\partial x^2} \tag{24}$$

其中：
$$K_b = \frac{Q_0}{D_* \tan \alpha_b}$$

边界条件为
$$\begin{cases} t=0,\ y=0,\ Q=Q_0 \\ t>0,\ x=0,\ \dfrac{\partial y}{\partial x}=-\tan\varphi,\ Q=0 \\ t>0,\ x\to\infty,\ y=0,\ \dfrac{\partial y}{\partial x}=0,\ Q=Q_0 \end{cases} \tag{25}$$

第二个边界条件表示堤身附近岸线保持一定方位角 φ，φ 值大小对计算结果影响很大。根据 1986 年 12 月及 1990 年 5 月实测资料，突堤附近岸线走向大致为 10°~12°，由波射线法算得突堤附近波浪破碎角为 11°~12°。显然用 α_b 作为 φ 值比较合理。最后可得岸线解：

$$y = \frac{\tan\alpha_b}{\sqrt{\pi}}\left[\sqrt{4K_b t}\exp(-u^2) - x\sqrt{\pi}E(u)\right] \tag{26}$$

其中：
$$u = \frac{x}{\sqrt{4K_b t}}$$

$$E(u) = \frac{2}{\pi}\int_u^\infty e^{-u}\mathrm{d}u$$

计算时以 1986 年 1 月和 1990 年 5 月实测岸线分别作初始岸线和验证对象。验证计算结果以及 10 a、15 a、20 a、25 a 和 30 a 岸线变化情况均绘于图 5。

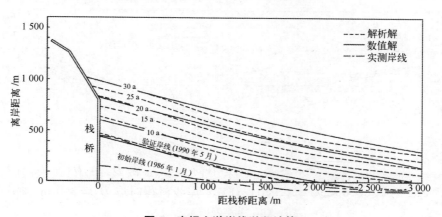

图 5　突堤上游岸线淤积计算

图 5 中同时绘出对应数值解结果。数值计算时因岸线变化需不断重复计算波浪，为节约计算时间，参考解析解结果，使北端边界随岸线淤进幅度增大而逐渐扩大。

对计算结果综合分析后可得以下结论：

（1）从总体上来看，数值解和解析解两者趋势相同，堤身附近岸线淤进速率和量级也相当接近。从验证情况来看，解析解更接近实际岸线，这说明式（24）是具有普遍意义的微分方程，在描述典型岸线变化过程时，只要边界条件合适，即可得到相当精度的解。但当边界条件复杂或有波浪绕射现象时，计算精度明显下降。

（2）由计算可知，15 a 左右岸线可达防波堤与栈桥相交处，30 a 左右岸线影响将达 1 100～1 150 m 处，此时−6 m 等深线接近堤头，沿岸输沙进入航道。此结果与物理模型结果基本吻合。

（3）数学模型未能反映堤身上游的"沿堤流"挟沙作用。根据友谊港邻近的科托努港资料，沿堤水流将会挟运大量悬沙绕过堤头进入港区。初步估计，友谊港主体工程竣工后 15～20 a 内，随着沿堤流进入外航道及堤头附近港池的泥沙淤积问题将日臻严重。

5.3　突堤下游的冲刷问题研究

5.3.1　无防护建筑物情况

在数值模拟栈桥封堵后突堤下游岸线冲刷变化时，比较两种方法，即重复计算波浪和不重复计算波浪。初始岸线为 1986 年 1 月实测岸线，验证条件为 1990 年 5 月实测岸线。通过验证计算表明，根据地形变化不断重复计算波浪时，可以忽略波高沿岸不等对沿岸输沙率的影响，输沙率方程可采用式（2）。如不重复计算波浪，因不考虑波浪与地形之间调整作用，但输沙方程仍用式（2），将会使波影区冲刷偏大，最大冲刷点上移；如输沙方程采用式（3），所得结果更接近实际情况。现将验证计算结果及预报 10 a、20 a、30 a 岸线情况均绘于图 6，图上还绘出物理模型结果以便比较[7]，可以看出：

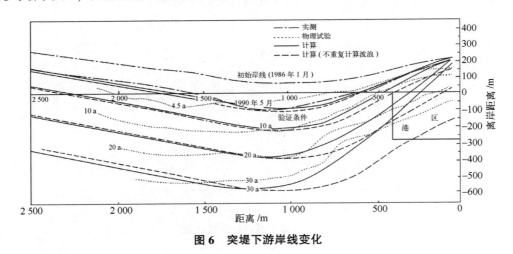

图 6　突堤下游岸线变化

（1）是否重复计算波浪两种方法所得结果在开敞区较一致，在波影区差别较大。一般讲，重复计算波浪效果较好。

（2）从长期预报情况来看，数学模型和物理模型结果较接近，特别是最大冲刷范围和岸线后退速率基本一致。由分析可知，波影区岸线形态变化迅速，数学模型无法精确模拟波浪动力与地形之间的互相调整适应过程，物理模型结果应更可信；而离突堤较远的下游边界处，动力条件及岸线形态均较单纯，数学模型结果精度较高，而物理模型受场地条件限制，须进行人工处理，所得成果的精度可能不如数学模型。

（3）如不修防护工程，1995 年前后即会危及陆域港区。

5.3.2　应用数学模型规划岬角型海岸防护建筑物

友谊港透空栈桥封堵后，下游严重侵蚀，为保护陆域港区，于 1990 年 5 月修建钩形丁坝（图4）。在沿岸输沙呈单向性时，丁坝下游仍将继续侵蚀后退。图 7 为钩形丁坝下游岸线侵蚀趋势预报结果，数学模型和物理模型结果基本一致。

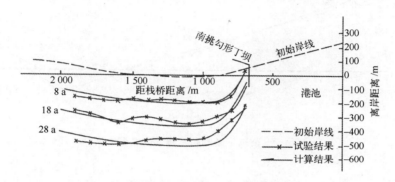

图7　南挑钩形丁坝下游岸线演变趋势

海岸资源是人类的财富，为防止海岸进一步侵蚀，往往需人工补沙或修建起岬角作用的丁坝群。岬角之间的稳定岸线形态取决于岬角布置方式。一般来讲，岬角之间间距越大，岬角上游淤积及下游冲刷幅度越大，这时为充分发挥岬角作用，需将岬头延伸到水深较深处。根据各种不同间距方案计算结果分析，岬角间距以 1~2 km 为宜。

岬角建筑物可概化为折线 ABC（图8），AB 走向可近似取破波波峰线方向，在毛里塔尼亚友谊港条件下，根据距离远近可取为 12°~15°。岬头 B 的位置是影响波影区岸线形态的主要参数，图8 中绘出岬头 B 距岸 100 m、150 m、200 m 及 AB 段长 25 m、75 m、125 m 时岸线计算结果。可以看出，岬头 A 距岸 100 m 左右，AB 段长 75 m 时已可较好地防护岬角下游岸线。

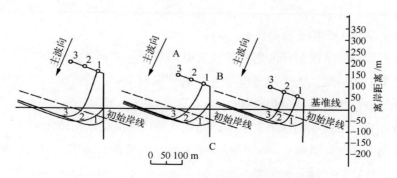

图8　各种岬角尺寸及相应波影区岸线

B 点位置还应满足上游侧拦沙要求，一般应延伸到碎波带以外，在上述计算条件下，如岬角间距取 2 km，岬角上游侧岸线要淤进 50~60 m，因此岬头距岸 100~120 m 较好。

图 9 为应用数学模型规划设计友谊港下游防护建筑物布置方案之一，以及相应稳定岸线形态。

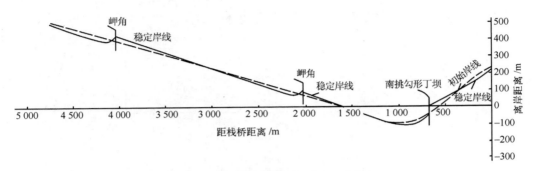

图 9 友谊港下游侧防护建筑物布置方案

5.4 岛堤附近岸线变化及透空栈桥封堵问题

友谊港在规划阶段曾分别考虑透空式栈桥和封闭式栈桥方案，并在物理模型中进行岸线演变试验研究[6]。为方便计，可称之为岛堤方案和突堤方案。

现用数学模型研究岛堤方案时岸线变化过程，计算中假设通过岛堤两堤头的两组绕射波在波影区独立传播互不影响，分别计算沿岸方向碎波条件，据此推算出两组沿岸输沙率，再线性叠加。

图 10 为岛堤方案时计算岸线情况。可以看出，波影区岸线淤进速度较快，2 a 淤进约 170 m，5 a 约 350 m，7.5 a 约 450 m。已影响岛堤右堤头处沿岸输沙。随着时间的推移，最大淤积位置逐渐向上游移动，估计 10 a 左右会形成连岛坝。岛堤下游侧由于供沙不足依然发生可观的侵蚀，最大侵蚀点在栈桥下游 800~1 200 m 范围内，随侵蚀加大而逐渐向下游移动。尽管如此，岛堤方案时上、下游冲淤速率均低于突堤方案，特别是波影区范围内，对陆域港区的维护作用是明显的。

虽然物理模型与数学模型在入射波条件及边界条件等方面不完全相同，但两者在波影区岸线淤进趋势上较一致。由于物理模型下游侧范围偏小[7]，距栈桥 1 000 m 以外岸线不发生侵蚀，显然数学模型结果更加合理。

根据数值计算结果，我们认为友谊港透空式栈桥应在岛堤码头竣工后 4~5 年再根据实际岸滩变化情况考虑封堵方案。封堵时可以考虑部分封堵缺口方案，以允许部分沿岸输沙通过，减轻下游侧岸线侵蚀。

通过以上工作我们可知突堤方案和岛堤方案的泥沙输移规律和岸线演变过程有较大差

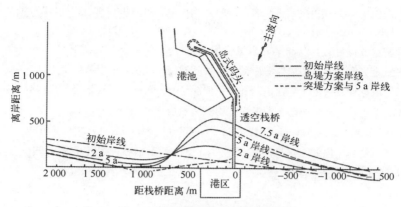

图 10 岛堤后岸线变化数值模拟

别。限于篇幅，本文拟不讨论突堤方案和岛堤方案的利弊，但应指出，有许多问题还需要做更深入的研究。

在友谊港以南 150 km 塞内加尔河口的圣路易斯（Saint Louis）港是 20 世纪 80 年代初规划设计的，其自然条件、工程方案和规模与友谊港均极相似，通过物理模型和数学模型的比选，最后确定为岛堤方案[8]（即透空式栈桥）。此例也可作为借鉴。

6 结语

（1）本文主要结合毛里塔尼亚友谊港具体工程问题，探讨了应用岸线数学模型模拟突堤上游淤积问题、突堤下游冲淤问题，岬角型海岸防护建筑物布置方式、结构形式以及岛堤附近岸线演变问题。

（2）在分析已有研究成果及现场实际资料后，本文认为友谊港设计方案和施工方案基本合理。但在主体工程竣工后不应急于封堵透空式栈桥，建议竣工 5 年后根据实际情况再考虑是否封堵及施工方案。

（3）计算实践表明，经过概化处理的岸线变化模型可以较好地复演和预演较长时段的岸线变化。由于不受比尺相似及场地条件的限制，具有灵活迅速的优点，已可直接用于一些典型条件，解决实际工程问题。但近海动力条件十分复杂，泥沙运动规律尚未被完全掌握，特别当边界条件较复杂时，物理模型依然是研究海岸泥沙运动规律最有效的手段。物理模型和数学模型相互配合，取长补短，必是今后研究海岸泥沙运动和建筑物附近岸滩变化的主要方式[9,10]。

参考文献

［1］Ozaka H，Brampton A H. Mathematical moldelling of beaches backed by seawall［C］. Proc. 17th C. E. C.，1980.

［2］Penney W G, et al. The diffraction theory of sea waves and the shelter afforded by breakwater［R］，1952.

［3］ Dobson R S. Some applications of digital computers to hydraulic engineering problem ［R］. Stanford University，1967.

［4］张峻岫 . 计算水波折射的 Dobson 方法及其应用 ［J］. 水动力学研究与进展，1986（2）.

［5］朱大奎，王玉定 . 西非毛里塔尼亚海岸动力地貌 ［J］. 南京大学学报数学半年刊，1983（1）.

［6］徐敏福 . 毛里塔尼亚友谊港工程建设及其淤积情况 ［J］. 水利水运科学研究，1987（3）.

［7］刘家驹，等 . 毛里塔尼亚友谊港下游海岸冲刷及防护措施试验研究（一）、（二）［R］，1988.

［8］Pedersen A E, et al. Port Development for Saint Louis ［R］. Senegal，1982.

［9］徐啸 . 海岸建筑物附近岸线变化数值模拟（一）［R］. 南京水利科学研究院，1991.

［10］徐啸 . 海岸建筑物附近岸线变化数值模拟（二）［R］. 南京水利科学研究院，1993.

（原文刊于《海洋工程》，1992 年第 4 期）

应用现场实测波浪资料直接计算沿岸输沙率

摘　要： 本文应用波能流守恒法则，导得可直接应用现场实测波浪资料计算沿岸输沙率关系式。通过两个实例计算，说明计算值与实际沿岸输沙率一致。

关键词： 实测波浪；直接计算；沿岸输沙率

1　计算模式

目前，估算沙质（包括粉砂质）海岸沿岸输沙率，主要采用波能流法或沿岸流法。由于波能流法形式简单，物理图像清晰，并且具有一定的实验室和现场资料佐证，应用较为广泛。由波能流法导得的沿岸输沙率计算式一般形式为[1]

重量输沙率（kg/s）　　　　　　$I_l = K\,(P_l)_b$　　　　　　　　　　　　　　　　(1)

体积输沙率（m³/s）　　　　　　$Q_l = K'(P_l)_b$　　　　　　　　　　　　　　　(2)

式中：K 为系数，$K' = \dfrac{K}{(\rho_s - \rho)\,g\,(1 - N)}$；$N$ 为孔隙率；P_l 为波能流的沿岸分量：

$$P_l = \frac{1}{2} c_g E \sin 2\alpha \tag{3}$$

在碎波区，$E = \dfrac{1}{2}\rho g H_b^2$，$\alpha = \alpha_b$，则

$$(P_l)_b = \frac{1}{16}\rho g\, H_b^2 \sin 2\alpha_b \cdot c_{gb} \tag{4}$$

α 为波峰线与岸线夹角，下标 b 表示碎波条件。式（2）最后可写成：

$$Q_l = \frac{K}{16(1-N)}\frac{\rho}{\rho_s - \rho} H_b^2 \sin 2\alpha_b \cdot c_{gb} \tag{5}$$

式（5）为用波能流法计算沿岸输沙率的典型公式。美国海岸防护手册推荐的 SMB 公式和我国海港水文规范附录建议的沿岸输沙率公式形式均与上式相近。SMB 公式根据 Komar 和 Inman 建议，$K = 0.77$；设泥沙容重 $\rho_s = 2\,650$ kg/m³，水容重 $\rho = 1\,025$ kg/m³，孔隙率 $N = 0.4$，$g = 9.81$ m/s²，则可得

$$Q_l = 0.101\,2\, H_b^2\, c_{gb} \cos\alpha_b \sin\alpha_b \tag{6}$$

上式目前为工程界广泛应用。应该指出，上式中波高为均方根波高，否则需换算：

如为有效波高（$H_{1/3}$），$Q_l = 0.050\,5 H_b^2 c_{gb} \cos\alpha_b \sin\alpha_b$

如用 1/10 大波（$H_{1/10}$），$Q_l = 0.031\,3 H_b^2 c_{gb} \cos\alpha_b \sin\alpha_b$

应用这类关系式计算沿岸输沙率时，需先设法确定破碎波波要素 H_b、c_{gb} 及 α_b，目前多采用一些经验关系式来估算破碎波波要素，如：

$$H_b = H_0' \cdot 0.76\,(\tan\beta)^{1/7} \left(\frac{H_0'}{L_0}\right)^{-1/4}{}^{[2]}$$

$$\alpha_b = \alpha_0 \left(0.25 + 5.5\frac{H_0}{L_0}\right)^{[3]}$$

式中：下标"0"表示深水波要素，$\tan\beta$ 为岸滩特征坡度，H_0' 为波浪正向入射时深水波高。

这些经验关系式主要由实验室资料分析而得，且主要适用于岸滩坡度较陡，波向角较小（例如 $\alpha_0 < 50°$）条件。如现场条件与这些假设条件有较大差别，可能造成较大偏差[4]。

为避免以上困难，现介绍一种直接利用测波点波况测量资料直接估算沿岸输沙率方法。

假设岸滩坡度比较均匀，沿岸碎波条件一致，由波能流守恒法则（图 1），有[5]

$$(E c_g \cos\alpha)_1 = (E c_g \cos\alpha)_b \tag{7}$$

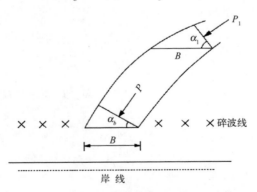

图 1　波能流守恒示意

下标"1"表示为测波点波要素条件。因碎波区水深较小，可近似为

$$c_{gb} \approx c_b = \sqrt{g H_b / \gamma} \tag{8}$$

式中：$\gamma = H_b / h_b \approx 0.78$，$h_b$ 为碎波区水深，进而有

$$(H^2 c_g \cos\alpha)_1 = (H^{5/2} \sqrt{g/\gamma} \cos\alpha)_b$$

$$H_b^{5/2} = (H^2 c_g \cos\alpha)_1 / (\sqrt{g/\gamma} \cos\alpha_b)$$

因碎波角 α_b 一般较小，$\cos\alpha_b \approx 1$，则：

$$H_b = (H^2 c_g \cos\alpha)_1^{2/5} (\sqrt{\gamma/g})^{2/5} = (H^2 c_g \cos\alpha)_1^{2/5} \gamma^{1/5} g^{-1/5} \tag{9}$$

而

$$c_{gb} = \sqrt{g H_b / \gamma} = (H^2 c_g \cos\alpha)_1^{1/5} \gamma^{-2/5} g^{2/5} \tag{10}$$

则有 $(P_l)_b = (Ec_g\cos\alpha)_b \sin\alpha_b = (Ec_g\cos\alpha)_1 \sin\alpha_b = (Ec_g\sin\alpha\cos\alpha)_1 \sin\alpha_b/\sin\alpha_1$

由 Snell 定律：
$$\frac{\sin\alpha_1}{\sin\alpha_2} = \frac{c_1}{c_2}$$

可将上式写成：
$$(P_l)_b = (Ec_g\sin\alpha\cos\alpha)_1 c_b/c_1 \tag{11}$$

考虑到 $c_b \approx c_{gb}$，$c_{g1} = n_1 c_1$ 及式（9）、式（10）等，可以导得：

$$(P_l)_b = \frac{n_1}{8}\rho\gamma^{-2/5}g^{7/5}(H^{12/5}c_g^{1/5}\sin\alpha\cos^{6/5}\alpha)_1 \tag{12}$$

进而可得沿岸输沙率计算式：

$$Q_l = K'(P_l)_b = \left[\frac{0.77}{8(\rho_s - \rho)(1-N)}\gamma^{-2/5}g^{2/5}\right](H^{2.4}\sin\alpha \cdot \cos^{1.2}\alpha \cdot c_g^{0.2}n)_1 \tag{13}$$

因 $\gamma = H_b/h_b \approx 0.78$，可得：

$$Q_l = 0.271\,8(H^{2.4}\sin\alpha\cos^{1.2}\alpha\,c_g^{0.2}n)_1 \quad (\text{m}^3/\text{s}) \tag{14}$$

式中：H、α 均为实测波要素。只需由测波点水深 h 及波周期 T 算出波速 c 和波群速 c_g，即可直接用式（14）计算沿岸输沙率，为方便计，略去下标"1"，有

$$Q_l = K_1 H^{2.4}\sin\alpha \cdot (\cos\alpha)^{1.2} \cdot c_g^{0.2}\left(\frac{c_g}{c}\right) \tag{15}$$

波速 c 可用下式[6]直接算得：

$$c = \{gh[y + (1 + 0.666y + 0.445y^2 + 0.105y^3 + 0.272y^4)^{-1}]^{-1}\}^{-1/2}$$

式中：h 为水深，$y = \omega^2 h/g$，$\omega = 2\pi/T$。波群速 $c_g = n \cdot c$，$n = \frac{1}{2}\left[1 + \frac{2kh}{\sinh 2kh}\right]$，$k = \frac{2\pi}{L}$，$L = cT$。

式（15）中系数 K_1 取值方法为

当测波资料中波高为均方根波高，$K_1 = 0.271\,8$，

当测波资料中波高为有效波高，$K_1 = 0.118\,3$，

当测波资料中波高为 $H_{1/10}$ 时，$K_1 = 0.066\,0$。

此外，$\cos^{1.2}\alpha$ 可能会给计算带来困难（因为 $\cos\alpha$ 可以为负值），可利用下法处理：

$$(\cos\alpha)^{1.2} = \frac{\cos\alpha}{|\cos\alpha|}|\cos\alpha|^{1.2}$$

2 算例

2.1 我国某港沿岸输沙率计算

我国某港为沙质-粉砂质岸滩，岸线呈 NE—SW 走向。近岸碎波区内（大致在近岸 1 km 范围内）底质主要为 0.1~0.2 mm 的细沙，碎波区外离岸 1~3 km 范围内主要为 0.06~0.09 mm 的粗粉砂，3 km 以外（相当于 -8 m 等深线以外）沉积物较细，以黏土

质粉砂为主。航道中主要淤积物为极细沙及粉砂,中值粒径 0.075 mm 左右。当地平均潮差为 0.85 m,潮流呈往复流,涨落潮平均流速 25~30 cm/s。与波浪条件相比,潮流动力相对较弱,塑造当地岸滩形态的主要动力是波浪。

根据 1993 年 6 月至 1995 年 4 月在−10 m 处测波站波浪观测资料分析,各向波浪分布玫瑰图如图 2 所示。该港波浪具有以下特点:

(1)波高小于 0.6 m(相当于 3 级风以下)波浪频率约 50%,但波能仅占 9%,即大浪是塑造岸滩形态的主要动力。

(2)常浪向为 ENE(13.11%)、SE(10.71%)及 E(10.53%),强浪向为 ENE。

(3)表 1 为 1993—1994 年和 1994—1995 年资料分析得北向浪(海向)和南向浪的频率比和波能比,可知对该处岸滩泥沙运动起主要作用的是北向来的风浪。特别是每年冬季受北向寒潮大风的影响,沿岸输沙率明显增大。

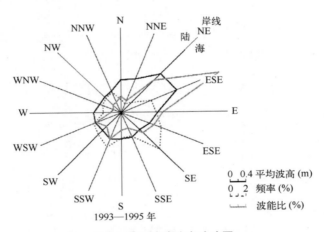

图 2 各向波浪分布玫瑰图

表 1 北向浪(海向)与南向浪比例

条件	时 段	1993 年 6 月至 1994 年 5 月	1994 年 6 月至 1995 年 4 月
	波 向	北向浪:南向浪	北向浪:南向浪
$H \geqslant 0.0$ m	频率比	1.30:1.00	0.91:1.00
	波能比	3.04:1.00	2.09:1.00
$H \geqslant 0.6$ m	频率比	1.69:1.00	1.32:1.00
	波能比	3.50:1.00	2.37:1.00

现用上面推导的关系式直接计算当地沿岸输沙率,为便于比较,我们同时应用常用的 SMB 公式(6)及法国夏都公式进行计算,夏都公式:

$$Q_l = k \cdot k' \frac{H_0^3}{T} \sin \frac{7}{4} \alpha_0 \tag{16}$$

式中：H_0 为深水有效波高，$k = 0.175 \times 10^{-2}$，$k' = \left(3\,500 \cdot \dfrac{d_{50}}{d_{50}+2}\right)^{(1.1-10\delta_0)}$，$\delta_0$ 为深水波陡，其他参数意义同上。

表 2 为应用上述各式，根据 1993 年 6 月至 1995 年 4 月逐个波记录计算得各月沿岸两个方向输沙率。为便于分析，计算结果也绘于图 3。可以看出，当地自 NE 向 SW 方向输沙占优势，两者比值为 3~5。从季节上看也较为集中。表 3 为根据表 1 算得 1993 年和 1994 年输沙率情况，由航道水深检测资料分析可知，1994 年 3 月至 1995 年 3 月航道内共回淤 $31 \times 10^4\,\mathrm{m}^3$，与计算值基本吻合。比较 3 种计算方法，可以看出，本文方法算得结果与海岸防护手册 SMB 公式接近，与夏都公式偏差稍大。表 3 中还列出根据 1987 年风浪资料计算结果，由港口附近 1980—1994 年气象资料分析可知，1987 年为大风年，而 1993 年和 1994 年均为小风年，夏都公式计算得 1987 年沿岸输沙率比 1994—1995 年度小，显然不合理。

表 2　某港 1993 年 6 月至 1995 年 4 月逐月沿岸输沙率（$\times 10^4\,\mathrm{m}^3$）

时 间	NE→SW			SW→NE		
	式（15）	式（6）	式（16）	式（15）	式（6）	式（16）
1993 年 6 月	2.15	1.77	1.29	0.24	0.20	0.17
7 月	0.96	0.99	0.78	1.13	1.16	1.12
8 月	0.29	0.21	0.16	0.64	0.67	0.57
9 月	1.28	1.19	0.93	0.26	0.27	0.29
10 月	3.82	3.66	2.85	0.24	0.29	0.28
11 月	9.28	9.23	7.66	0.18	0.21	0.22
12 月	0.86	0.91	0.86	0.10	0.10	0.10
1994 年 3 月	4.65	4.50	2.71	0.52	0.45	0.41
4 月	1.44	1.46	0.89	0.45	0.46	0.42
5 月	1.36	1.20	1.07	1.09	1.02	0.85
6 月	0.25	0.27	0.26	0.39	0.33	0.19
7 月	1.11	1.32	1.44	1.21	1.54	1.87
8 月	0.53	0.65	0.83	1.09	1.38	1.51
9 月	1.38	1.67	2.11	0.45	0.54	0.67
10 月	1.17	1.43	1.86	0.68	0.79	0.90
11 月	4.71	5.42	7.74	2.64	2.95	3.73
12 月	6.15	6.46	7.70	0.25	0.35	0.54
1995 年 3 月	6.19	6.25	9.07	0.72	0.76	0.76
4 月	2.17	2.44	3.26	1.89	2.20	2.18

注：式（15）即本文导得关系式，式（6）为 SMB 公式，式（16）为夏都公式。

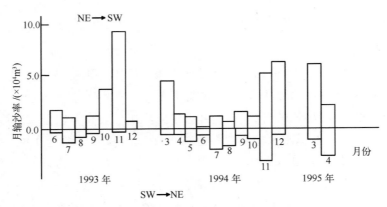

图 3　某港海岸 1993 年 5 月至 1995 年 4 月逐月沿岸输沙率（×10⁴ m³）

表 3　某港海岸年沿岸输沙率（×10⁴ m³）

年输沙率		1993 年 6 月至 1994 年 5 月	1994 年 6 月至 1995 年 4 月	1987 年 3 月至 1987 年 11 月
NE→SW	式（15）	26.09	23.66	42.05
	式（6）	25.12	25.91	38.16
	式（16）	19.20	34.27	24.45
SW→NE	式（15）	4.85	9.32	7.92
	式（6）	4.83	10.84	6.65
	式（16）	4.43	12.35	4.96
总输沙率	式（15）	30.94	32.98	49.97
	式（6）	29.95	36.75	43.81
	式（16）	23.63	46.62	29.41

注：式（15）即本文导得关系式，式（6）为 SMB 公式，式（16）为夏都公式。

2.2　毛里塔尼亚友谊港沿岸输沙率计算

友谊港位于毛里塔尼亚首都努瓦克肖特西南 15 km 的大西洋海岸，岸线走向基本为南北向。图 4 为该港区 1986 年 1—12 月（缺 11 月）波浪统计玫瑰图。该港海域盛行波为 NW（53.07%），其次为 WNW（19.31%）及 NNW（16.58%），这 3 个方向占全年频率的 89%。强浪向发生在 WNW。由此可知，沿岸输沙主要是自北向南单向输沙[3]。

当地海岸为典型的沙质海岸，−9 m 以内岸滩坡度较陡，大致为 1/30，泥沙中值粒径 $d_{50} = 0.28$ mm。−9 m 以外为灰白色淤泥，海底平坦，为 1/1 000 左右。当地潮流较弱，平均潮差 0.93 m。

表 4 为应用本文几种方法计算得友谊港 1986 年年输沙率情况。由表 4 可以看出，毛里塔尼亚友谊港处每年自北向南沿岸输沙率大致为 90×10⁴ m³，自南向北仅 4×10⁴ m³ 左右，

这一量级与现场多年观测结论是一致的。本文推荐关系式所得结果与 SMB 公式基本一致，夏都公式计算结果显然偏小。

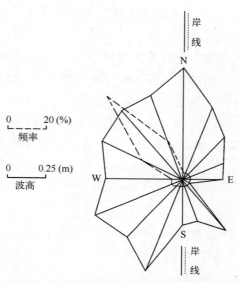

图4 毛里塔尼亚友谊港各向波浪分布玫瑰图

表4 毛里塔尼亚友谊港逐月沿岸输沙率（×10⁴ m³）

时 间	N → S			S → N		
	式（15）	式（6）	式（16）	式（15）	式（6）	式（16）
1986 年 1 月	6.15	7.14	6.65	0.00	0.00	0.00
1986 年 2 月	13.85	18.42	16.93	0.00	0.00	0.00
1986 年 3 月	9.43	10.02	8.66	0.00	0.00	0.00
1986 年 4 月	9.09	7.86	6.12	0.00	0.00	0.00
1986 年 5 月	6.28	5.14	3.98	0.42	0.27	0.15
1986 年 6 月	8.08	6.52	4.32	0.59	0.43	0.33
1986 年 7 月	10.15	8.07	4.93	0.43	0.34	0.28
1986 年 8 月	6.66	4.42	3.79	0.65	0.51	0.38
1986 年 9 月	3.44	2.93	2.40	1.23	1.04	0.83
1986 年 10 月	5.75	6.13	6.50	0.01	0.01	0.01
1986 年 12 月	4.21	6.03	8.25	0.61	0.60	0.54
年输沙率	83.09	83.68	72.53	3.94	3.20	2.52
年输沙率*	88.10	89.80	79.91	4.24	3.80	2.79

注：*考虑 11 月输沙率，因缺 11 月波浪资料，假设 11 月输沙率为 10 月和 12 月之平均值。

3 结语

（1）本文应用波能流守恒法则导得直接应用测波资料计算沿岸输沙率关系式（15），应用此式可避免进行破碎波要素计算。

（2）本文应用导得的沿岸输沙率计算式（15），分别对我国某港沙质-粉砂质海岸和毛里塔尼亚友谊港沙质海岸沿岸输沙率进行计算，结果表明式（15）所得结果与现场实际观测结论是一致的，可以较好地反映当地沿岸输沙规律。

（3）通过与美国SMB关系式（6）和法国夏都关系式（16）计算结果比较，表明本文推荐关系式（15）算得结果与SMB结果较一致，在两种算例条件下，与夏都关系式偏差较大。

参考文献

[1] 薛鸿超，等.海岸动力学 [M].北京：人民交通出版社，1980.

[2] B Le Mehaute, R C Y Koh. On the breaking of waves arriving at an angle 70 the shore [J]. Journal of Hydraulic Research, 1967, 5：67-68.

[3] Bernard Le Mehaute, John D Wang. Breaking wave characteristics on a plane beach [J]. Coastal Engineering, 1980, 4：37-149.

[4] 徐啸.岸线模型在海岸工程问题中的应用 [J].海洋工程，1992（4）.

[5] 吴宋仁.海岸动力学（港口航道与海岸工程专业）[M].北京：人民交通出版社，1988.

[6] J N Hunt. Direct solution of wave dispersion equation [J]. Journal of the waterway, Port, Coastal and Ocean Division, 1979, 105（4）：457-459.

（原文刊于《海洋工程》，1996年第2期）

波、流共同作用下浑水动床整体模型的比尺设计及模型沙选择

摘　要： 目前应用动床模型同时复演波浪、潮流及泥沙运动研究成果甚少，本文结合京唐港外航道泥沙回淤问题，根据波、流共同作用下水动力相似要求，进行沙质–粉砂质岸滩浑水动床整体物理模型设计和模型沙选择。文中对有关相似理论和试验方法进行了探讨。

关键词： 波流共同作用；浑水动床；物理模型模拟；模型沙选择

1　前言

为了解决京唐港入海航道内泥沙集中淤积问题，决定用物理模型进行研究。当地为沙质–粉砂质海岸，航道内淤积物主要为极细沙和粉砂，中值粒径为 0.075 mm 左右。在动床模型中同时复演波浪和潮流作用，有相当难度。目前，国内外在这方面研究成果甚少，无论相似理论还是试验方法都很不成熟；特别是研究海域岸滩坡度平缓，必须做成变态模型，变率比较大，更增加模型试验的困难。

2　模型相似准则

根据原型水文、泥沙等资料分析，可知当地波浪是导致岸滩变形和航道泥沙回淤的主要动力因素，潮汐水流起次要作用。在考虑模型比尺关系时，我们以波浪相似（包括波浪输沙相似）为基础，适当考虑潮汐水流相似。下面即分别考虑它们的相似要求。

2.1　波浪动床模型相似要求

波浪是导致京唐港海域泥沙运动主要动力因素，在模型中应保证波浪运动相似。根据航道回淤情况和岸滩泥沙运动情况，首先要保证波浪折射相似、破波形态相似、波生沿岸流（在挡沙堤前即沿堤流）相似；其次要保证波浪输沙相似，包括波浪掀沙、沿岸输沙和横向输沙等。

2.1.1　波浪运动相似

（1）折射相似[1]

由 Shell 定律和波速方程可得

$$\lambda_L = \lambda_h$$

$$\lambda_c = \lambda_T = \lambda_h^{1/2}$$

式中：λ_L 为波长比尺，λ_c 为波速比尺，λ_T 为波周期比尺，λ_h 为垂直比尺。

（2）破波形态相似

由 Iribarren 数相似[2]可得波高比尺：

$$\lambda_H = \lambda_h \left(\frac{\lambda_h}{\lambda_l}\right)^{2/13}$$

（3）波动水质点运动速度相似

根据 Airy 波理论，可得床面水质点最大轨迹速度 U_m 比尺：

$$\lambda_{U_m} = \frac{\lambda_H}{\lambda_h^{1/2}}$$

（4）沿岸流运动相似

由平均沿岸流公式可得

$$\lambda_{V_1} = \lambda_{U_m}$$

（5）绕射相似

为满足绕射相似，一般要求波长比尺 λ_L＝水平比尺 λ_l，在变态模型中，若满足折射运动相似（即 $\lambda_L = \lambda_h$），则无法满足绕射相似，即绕射波影区波浪形态无法完全相似。

（6）反射相似

斜坡式抛石堤前床面淘刷问题与波浪反射条件密切有关。为满足反射相似，防沙堤采用正态。由于反射相似问题较复杂，还需在试验中调整。

2.1.2 波浪条件下泥沙运动相似

人们对波浪条件下泥沙运动规律了解较少，以往主要参照水流条件下泥沙运动规律选择比尺关系。虽然波浪和水流条件下输沙连续方程和床面变形方程形式相同，由此所得回淤时间相似关系和沉降部位相似关系形式上也相同，但两者水动力学机制和能量损耗过程的差别，必导致泥沙运动规律上的差异，进而影响比尺关系。下面主要根据近年一些研究成果分析波浪条件下泥沙运动相似要求。

（1）碎波区内岸滩剖面冲淤趋势相似

由服部昌太郎公式[3]：

$$\frac{H_b}{L_0}\tan\beta / \frac{\omega}{gT} = \text{const}$$

可导得泥沙沉降速度比尺：

$$\lambda_\omega = \lambda_u \frac{\lambda_H}{\lambda_l}$$

当波高比尺 λ_H＝水深比尺 λ_h，可得

$$\lambda_\omega = \lambda_u \frac{\lambda_h}{\lambda_l}$$

即与水流条件下悬沙沉降相似比尺要求相同。由此可见波浪变率不宜太大，否则会影响到悬沙沉降相似要求。

（2）破波掀沙相似[4]

在破波区内，由破碎波引起的水体平均含沙量为

$$S = K \frac{\rho_s \rho}{\rho_s - \rho} g \frac{H_b^2}{8A} \cdot \frac{c_{gb}}{\omega} \cos \alpha_b$$

式中：A 为碎波区内过水断面面积。由上式可导得

$$\lambda_s = \frac{\lambda_{\rho_s}}{\lambda_{\frac{\rho_s - \rho}{\rho}}} \cdot \frac{\lambda_H^2}{\lambda_h^{1/2} \lambda_l \lambda_\omega}$$

考虑到 $\lambda_\omega = \lambda_u \dfrac{\lambda_H}{\lambda_l}$，可得

$$\lambda_s = \frac{\lambda_{\rho_s}}{\lambda_{\frac{\rho_s - \rho}{\rho}}} \cdot \frac{\lambda_H}{\lambda_h}$$

当 $\lambda_H = \lambda_h$，即与水流条件相同。

（3）波浪条件下泥沙起动相似

波浪条件下泥沙起动现象要比水流条件下更为复杂，一般需通过波槽试验来确定。也可应用一些半理论半经验关系式来初步确定。

（a）刘家驹公式[4]起动波高：

$$H_* = M \left\{ \frac{L \sinh(2kh)}{\pi g} \left(\frac{\rho_s - \rho}{\rho} gd + \frac{0.486}{d} \right) \right\}^{1/2}$$

式中：$0.486/d$ 表示泥沙间黏着力作用，在沙质海岸条件下可以忽略不计；$M = 0.1 \left(\dfrac{L}{d} \right)^{1/3}$。

据此可得

$$\lambda_{\frac{\rho_s - \rho}{\rho}} \lambda_d^{1/3} = \lambda_H^2 \cdot \lambda_h^{-5/3}$$

（b）Komar-Miller 公式[5]：当原型沙粒径 $d_P < 0.5$ mm 时，有

$$\frac{\rho U_m^2}{(\rho_s - \rho) gd} = 0.21 \left(\frac{a_m}{d} \right)^{1/2}$$

式中：a_m 为床面处最大振幅。

应用前面已得到的一些相似关系式，可以导得：

$$\lambda_{\frac{\rho_s - \rho}{\rho}} \lambda_d = \lambda_H^{3/2} \cdot \lambda_h^{-1}$$

（4）碎波区内、外横向输沙相似

根据 Sunamura 研究[6]，当 $F > 0.28 Ur^{1/4}$，泥沙净离岸运动；当 $F < 0.28 Ur^{1/4}$，泥沙净向岸运动。

式中：$F = \dfrac{\rho U_m^{\,2}}{(\rho_s - \rho)\,gd}\left(\dfrac{d}{a_m}\right)^{1/2}$，$Ur = \dfrac{HL^2}{h^3}$，$a_m$ 含义同前。

由此可导得

$$\lambda_{\frac{\rho_s-\rho}{\rho}}\,\lambda_d^{\,1/2} = \lambda_H^{\,5/4} \cdot \lambda_h^{\,-3/4}$$

（5）波浪条件下泥沙运动方式相似

根据 Engelund 研究[7]：

当 $\dfrac{u_{w*}}{\omega} < 1.0$ 以推移运动为主

当 $1.0 < \dfrac{u_{w*}}{\omega} < 1.7$ 推移悬移兼有

当 $\dfrac{u_{w*}}{\omega} > 1.7$ 以悬移运动为主

式中：$\dfrac{u_{w*}}{\omega}$ 为波浪条件下床面摩阻速度，可以导得

$$\lambda_{\frac{\rho_s-\rho}{\rho}}\,\lambda_d^{\,2} = \lambda_H^{\,1/2} \cdot \lambda_h^{\,-3/8}$$

2.2 潮汐水流相似要求

2.2.1 水流运动基本比尺关系

由水流平面二维运动方程：

$$\frac{\partial u}{\partial t} + u\frac{\partial u}{\partial x} + v\frac{\partial u}{\partial y} = g\frac{\partial h}{\partial x} - \frac{u^2}{C_c^{\,2}h}$$

$$\frac{\partial u}{\partial t} + u\frac{\partial u}{\partial x} + v\frac{\partial u}{\partial y} = g\frac{\partial h}{\partial y} - \frac{v^2}{C_c^{\,2}h}$$

可得以下比尺关系：

重力相似， $\lambda_u = \sqrt{\lambda_h}$；

阻力相似， $\lambda_{C_c} = \sqrt{\dfrac{\lambda_l}{\lambda_h}}$ 或 $\lambda_n = \lambda_h^{\,2/3}\lambda_l^{\,-1/2}$；

水流运动相似， $\lambda_t = \dfrac{\lambda_l}{\lambda_u}$。

2.2.2 泥沙运动相似比尺关系

单位水柱体输沙连续方程：

$$\frac{\partial(hS)}{\partial t} + \frac{\partial(huS)}{\partial x} + \frac{\partial(hvS)}{\partial y} - \frac{\partial}{\partial x}\left(hE_x\frac{\partial S}{\partial x}\right) - \frac{\partial}{\partial y}\left(hE_x\frac{\partial S}{\partial y}\right) = \gamma_0\frac{\partial h}{\partial t}$$

水柱体底内部边界条件：

$$\gamma_0 \frac{\partial z}{\partial t} = R_d + R_e$$

式中：γ_0为淤积物干容重；R_d为床面泥沙沉降率，R_e为床面泥沙冲刷率，两者均为经验关系。由输沙连续方程和边界条件可得以下相似关系：

泥沙冲淤时间相似要求

$$\lambda_{t_2} = \frac{\lambda_{\gamma_0}}{\lambda_S} \lambda_t$$

泥沙沉降相似要求

$$\lambda_\omega = \lambda_u \frac{\lambda_h}{\lambda_l}$$

2.2.3 其他相似要求

以上相似关系均由理论公式导得，是水流运动和泥沙输移相似的基本条件。由于泥沙运动一些基本特性，如挟沙力、冲刷率、沉降率等目前还未完全掌握，还处于半经验半理论阶段，须用一些半经验公式予以描述，如：

挟沙力公式

$$S_* = K \frac{\gamma \gamma_s}{\gamma_s - \gamma} \left(J \frac{V}{\omega} \right)$$

床面回淤率公式

$$R_d = a\omega(S - S_*)$$

床面冲刷率公式

$$R_e = M(\tau_b - \tau_c)$$

据此可得以下比尺关系：

$$\lambda_S = \lambda_{S_*} = \lambda_{\gamma_s} \Big/ \frac{\lambda_{\gamma_s}}{\gamma_{\frac{\gamma_s - \gamma}{\gamma}}}$$

$$\lambda_\tau = \lambda_{\tau_c} \quad \text{或} \quad \lambda_{u_*} = \lambda_{u_{c_*}}$$

式中：u_{c_*}为泥沙起动临界摩阻流速，根据单颗粒泥沙运动力学条件分析，结合试验结果可导得泥沙颗粒起动和沉降关系式：

$$u_{c_*} = f\left(\frac{u_* d}{\nu} \right) \sqrt{\frac{\rho_s - \rho}{\rho} g d}$$

$$\omega = f\left(\frac{\omega d}{\nu} \right) \sqrt{\frac{\rho_s - \rho}{\rho} g d}$$

上面两式中有隐函数$f\left(\frac{u_* d}{\nu} \right)$、$f\left(\frac{\omega d}{\nu} \right)$，它们在"层流区""完全紊流区"和"过渡区"，表达式形式不同。由于模型和原型中泥沙运动流态并非完全一致，有时无法用相同形式关系式描述。目前虽有一些适用于不同情况的统一起动流速关系式，但这些关系式往往不很可靠。实际工作中，一般通过对原型沙和模型沙进行水槽试验来确定泥沙颗粒沉降速度比尺和起动速度比尺。

泥沙运动的随机性和描述泥沙运动力学规律关系式的经验性，使模拟泥沙运动问题难度增大，但也提供了较多的选择余地。

3 模型比尺及模型沙的选择

3.1 水平比尺 λ_l

根据场地条件及模型相似要求，经过各方面因素综合考虑，确定模型水平比尺 λ_l = 500。图 1 为模型布置简图。

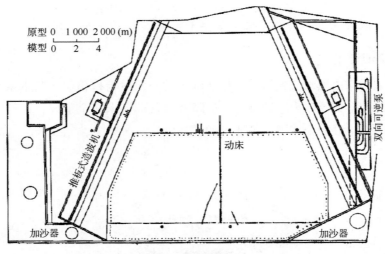

图 1 模型平面布置图

3.2 垂直比尺 λ_h

从水流角度考虑，为满足模型与原型流态相似，需要做成变态模型，由张友龄公式可以算得：

当 λ_l = 500 时， $\qquad\qquad\qquad$ $\lambda_h \leqslant 82$

从波浪动力角度来看，为满足波浪破碎相似，需考虑表面张力相似要求，但要严格遵照惯性力与表面张力比相似（韦伯相似律）：

$$\frac{\rho\, u^2\, l^2}{\sigma l} = \frac{u^2 l}{\sigma/\rho} = \text{const} \quad \text{或} \quad \frac{\lambda_u^{\,2}\lambda_l}{\lambda_\sigma/\lambda_\rho} = 1$$

式中：σ 为毛细管率。据研究，模型中波高不小于 2 cm，周期不小于 0.35 s，即可避免表面张力引起波浪衰减。

现场岸滩坡度为 1/500 ~ 1/400，在实验室条件下进行如此平缓的坡度的试验几乎不可能，因为过分平缓的坡度会使波浪迅速衰减，也就无法保证波浪形态相似及破碎位置相似。结合现场波浪条件及以往试验工作的经验，最后确定垂直比尺 λ_h = 80，即模型几何变率为 6.26。

3.3 波高及波长比尺

由折射相似要求，波长比尺 $\lambda_L = \lambda_h = 80$

$$\lambda_T = \lambda_C = \sqrt{\lambda_h} = 8.944$$

由碎波形态相似要求可得波高比尺：$\lambda_H = \lambda_h \left(\dfrac{\lambda_h}{\lambda_l} \right)^{2/13} = 60.3$，可先按 $\lambda_H = 70$ 考虑，试验时根据碎波情况和输沙情况再予以调整。波浪变率 $\dfrac{\lambda_L}{\lambda_H} = \dfrac{80}{70} = 1.14$，波浪接近正态。

3.4 模型沙的选择

在水深比尺 λ_h 和波高比尺 λ_H 确定后，即可应用前述各相似关系来选择模型沙。为方便计算，这些相似关系写在下面：

刘家驹起动公式

$$\lambda_{\frac{\rho_s-\rho}{\rho}}\lambda_d^{1/3} = \lambda_H^2 \cdot \lambda_h^{-5/3} = 3.299 \qquad (1)$$

Komar-Miller 公式

$$\lambda_{\frac{\rho_s-\rho}{\rho}}\lambda_d = \lambda_H^{3/2} \cdot \lambda_h^{-1} = 7.321 \qquad (2)$$

Sunamura 公式

$$\lambda_{\frac{\rho_s-\rho}{\rho}}\lambda_d^{1/2} = \lambda_H^{5/4} \cdot \lambda_h^{-3/4} = 7.569 \qquad (3)$$

Engelund 公式

$$\lambda_{\frac{\rho_s-\rho}{\rho}}\lambda_d^2 = \lambda_H^{1/2} \cdot \lambda_h^{-3/8} = 1.618 \qquad (4)$$

在波浪接近正态且满足折射相似时，有：$\lambda_H \approx \lambda_h$，以上各式可写成：
刘家驹起动公式

$$\lambda_{\frac{\rho_s-\rho}{\rho}}\lambda_d^{1/3} = \lambda_h^{1/3} \qquad (1')$$

Komar-Miller 公式

$$\lambda_{\frac{\rho_s-\rho}{\rho}}\lambda_d = \lambda_h^{1/2} \qquad (2')$$

Sunamura 公式

$$\lambda_{\frac{\rho_s-\rho}{\rho}}\lambda_d^{1/2} = \lambda_h^{1/2} \qquad (3')$$

Engelund 公式

$$\lambda_{\frac{\rho_s-\rho}{\rho}}\lambda_d^2 = \lambda_h^{1/8} \qquad (4')$$

根据底质资料分析结果可知，主要研究区域位于 -5 m 左右，$d_{50} = 0.06 \sim 0.09$ mm，下面按原型沙 $d_p = 0.075$ mm，应用以上相似关系式（1）至式（4）来估算模型沙粒径范围。

表 1 中最后一列系按服部昌太郎公式[3]导得的相似要求 $\lambda_\omega = \dfrac{\lambda_u \lambda_H}{\lambda_l}$ 以及按沉降相似要求

$\lambda_\omega = \dfrac{\lambda_u \lambda_h}{\lambda_l}$分别算出 λ_ω，再应用文献 [8] 中统一沉速公式计算出不同容重泥沙的对应粒径

d_{m1} 和 d_{m2}。

表 1 不同容重模型沙计算结果 [原型沙 d_p = 0.075 mm，模型沙粒径 d_m（mm）]

ρ_{sm}	刘家驹式（1）（深水区，泥沙起动相似）		Komar-Miller 式（2）（破波区外，底沙运动相似）		Sunamura 式（3）（破波区内外横向输沙相似）		Engelund 式（4）（波浪条件下泥沙运动方式相似）		服部昌太郎公式、及按沉降相似计算模型沙粒径（mm）	
	λ_d	d_m	λ_d	d_m	λ_d	d_m	λ_d	d_m	d_{m1}	d_{m2}
1.10	0.008	9.375	0.600	0.171	0.205	0.366	0.311	0.241	0.270	0.260
1.20	0.062	1.210	0.877	0.084	0.822	0.091	0.440	0.170	0.190	0.180
1.30	0.208	0.361	1.314	0.057	1.847	0.041	0.539	0.139	0.160	0.150
1.40	0.493	0.152	1.754	0.043	3.287	0.023	0.623	0.120	0.140	0.130
1.60	1.666	0.042	2.631	0.029	7.397	0.012	0.762	0.098	0.110	0.100
2.65	34.64	0.002	7.234	0.013	55.94	0.001	1.264	0.059	0.070	0.060

根据表中计算结果可以看出：

刘家驹的相似关系式（1）适用于碎波区外（泥沙开始运动）的临界水深附近水域底沙运动。

Komar-Miller 式（2）主要适用于碎波区以外层流边界条件下底沙运动。

Sunamura 式（3）考虑了破波断面处内外泥沙横向运动趋势（向岸或离岸）。

Engeltmd 条件式（4）（$u_{w_*}/\omega = \text{const}$），此相似关系基本上等价于波动条件下泥沙悬浮和沉降相似，比较适用于大风浪条件下悬沙回淤问题。

考虑到京唐港入海航道内泥沙集中淤积物主要为极细沙和粉砂，基本发生于寒潮大风浪动力环境，选择模型沙时应尽量满足波动条件下泥沙悬浮和沉降相似要求。根据以上分析确定模型中采用颗粒密实容重 γ_s = 1.33 g/cm^3，中值粒径 d_{50} = 0.13 mm 的煤粉作模型沙。

3.5 含沙浓度比尺 λ_S 和冲淤时间比尺 λ_{t2}

根据以上选沙结果及有关比尺，可得：λ_S = 0.347，λ_{t2} = 322。正如文献 [8] 所指出，无论是潮流模型还是波浪泥沙模型，冲淤时间比尺 λ_{t2} 的取值至关重要。由于实际输沙涉及因素十分复杂，不宜单纯依据 λ_S 的计算值来确定 λ_{t2}，需要根据原型和模型中实测输沙量来定 λ_S，最后由地形演变相似来确定 λ_{t2}。在模型中，通过验证试验，最后取 λ_{t2} = 312。

4 讨论

4.1 模型变率选择的原则

4.1.1 采用变态模型的必要性

首先需要强调，模型几何变态不等于波浪变态，两者可采用不同的变率。

在近岸潮汐水流条件下，海域面积宽阔（几十或几百千米），而水深不大（几米或几十米），整体模型一般均需变态，否则无法保证流态相似。

一般沙质岸滩坡度为 1/50~1/15，多为 1/35~1/25，由于床面坡度较陡，床面阻力损耗与波浪紊动损耗相比是次一级的，因此常采用正态模型或变率较小的变态模型。

但对于岸滩坡度仅为 1/500~1/400 甚至更为平缓的粉砂质或粉砂淤泥质海岸，如仍然采用小变率模型，将会使试验条件下的模型水深很小，这时由于床面阻力、表面张力及水体黏滞力作用，将使波浪未到达海岸前能量就消耗殆尽。此外，正态模型中时间比尺较大，要求模型中波周期很小，生波机往往无法产生这种小周期波。

要解决上述问题只有两种选择，一是采用小比尺正态模型，要求模型做得很大，使模型试验的难度和费用大大增加，以至可能丧失缩尺模型这一研究手段的基本优点。

另一个选择就是采用几何变态模型（$\lambda_h \neq \lambda_l$），模型中波浪是正态或接近正态（$\lambda_H \approx \lambda_L$）。这时往往不能同时满足折射和绕射相似，只能根据需要满足折射相似（取 $\lambda_L = \lambda_h$）或绕射相似（取 $\lambda_L = \lambda_l$）。在动床模型情况下，如研究区域不位于波影区，折射相似一般更重要。

4.1.2 变率的取值

模型变率，理论上只要岸滩坡度不陡于泥沙自然休止角就可以任意取，但一般不宜太大。前面已谈到模型水平比尺 λ_l 主要由场地条件确定，因此变率的大小主要取决于水深比尺 λ_h 的选择，这时应考虑：

（1）模型中波高一般应大于 1.5 cm，最好大于 2 cm；

（2）模型波周期不宜太小，一般生波机要求 $T_{\min} > 0.6$ s，如现场波周期 $T_p = 5$ s，则需 $\lambda_h \leqslant 70$；

（3）水流流态相似，主要研究部位水深不小于 4 cm；

（4）波浪传播时摩阻损失不能太大；

（5）应能满足泥沙基本相似要求（沉降相似或/和起动相似）；

（6）模型试验条件及其他问题。

至于波浪，在波浪掩护模型中一般要求做成正态。但在波浪动床模型中，为保证破碎波形态相似一般需适当变态（$\lambda_H \neq \lambda_L$）。在已有的一些模型中，虽然波浪按正态设计，但调试时为保证岸滩变形相似或保证造波机产生正常波形，往往需加大波高或波周期，实际上波浪已不再是正态。

4.2 关于模型沙[9]

关于波浪输沙整体模型中选用天然沙或轻质沙做模型沙的问题，至今尚有争议。笔者认为根本的问题在于碎波区内外水流紊动和能量损耗机制有质的差异，两个区域内泥沙运动规律也全然不同。在模型中，选择模型沙时就应按不同的相似准则进行设计。碎波区内，破碎波的强烈紊动使大量泥沙悬浮，并由波生沿岸流（或沿堤流）以及潮流的共同作用下，以非恒定悬移状态运动。但在碎波区边界外泥沙主要以推移或层移运动状态为主。如主要研究区域位于碎波区内，选择模型沙的相似准则应是悬浮相似，即：

$$\frac{u_{w*}}{\omega} = \text{idem}$$

困难在于迄今还没有比较好的适用于碎波区内的 u_{w*} 关系式。作为一种近似，采用沉降相似：

$$\lambda_\omega = \lambda_u \frac{\lambda_H}{\lambda_l} \quad \text{或} \quad \lambda_\omega = \lambda_u \frac{\lambda_h}{\lambda_l}$$

（显然，前式更为合理）进行初步选沙也是可以的。但它无法解释在模型中碎波区内采用较轻的轻质沙（例如木屑）后泥沙运动完全失真这一现象的原因。

如研究区域位于碎波区外，根据研究问题的性质和特点，一般可按波动条件下泥沙运动沉降相似或起动相似要求选择轻质沙作模型沙。

若要求同时满足碎波区内外泥沙运动相似，一般不可能，除非采用不同的模型沙，这从试验方法上来讲也是不可取的。

总之，选择波浪输沙模型中的模型沙是个相当困难的问题，需要对研究对象有深刻的理解，由于理论上许多问题还未能解决，经验就显得尤为重要[10]。

参考文献

[1] 河海大学. 海岸动力学 [M]. 北京：交通出版社，1980.

[2] Battjes J A. Surf Similarity [C]. Proc. 14th C. E. C.，1974.

[3] 服部昌太郎，川又良一. 碎波带内的海滨变形过程 [C]. 第24回海岸工程讲演会论文集，1978.

[4] 刘家驹. 波浪作用下泥沙运动研究 [C]. 全国泥沙基本理论研究学术讨论会论文集，1992.

[5] Komar P D, Miller M C. Sediment Threshold Under Oscillatory Waves [C]. Proc. 14th C. E. C.，1974.

[6] Sunamura T A. Laboratory Study of Offshore Transport of sediment and a Model for Eroding Beaches [C]. Proc. 17th C. E. C.，1980.

[7] Engelund F. Turbulent energy and suspended load [R]. Coastal Eng. Lab.，Tech. Univ. of Denmark，1965，No. 10.

[8] 武汉水利电力学院. 河流泥沙工程学（下）[M]. 北京：水利出版社，1982.

[9] Noda E K. Equilibrium Beach Profile Scale Model Relationship [J]，Journal of W. Div. of ASCE，1972.

[10] Kamphuis J W. The Coastal Mobile Bed Model—Does It Work? Proc Modeling'75, San Francissco, 1975：993-1009.

（原文刊于《泥沙研究》，1998年第2期）

"沙泥混合型岸滩"及"沙泥分界点"初探
——厦门湾岸滩类型调查

摘　要： 通过厦门湾30个断面剖面形态和泥沙特点的现场勘测工作，同时辅以潮流场和波浪场的数值模拟，从动力学角度对厦门湾各处的岸滩类型进行划分。首次指出厦门湾除了存在沙质岸滩和泥质岸滩外，还存在"沙泥混合型"岸滩。分析认为，在淤泥质岸滩大环境下，如近岸波浪较强，且有粗颗粒泥沙供给，则可能生成沙泥混合型岸滩；文中还提出"沙泥分界点"的概念，指出沙泥分界点高程主要取决于当地波浪条件。并说明此概念在人工沙滩问题上的应用。

关键词： 厦门湾；岸滩现场勘测；沙泥混合型岸滩；沙泥分界点

1　前言

我国河流挟运大量细颗粒泥沙入海，形成了4 000 km以上的淤泥质海岸，主要分布在江苏、浙江、天津等地。随着国民经济的发展，人民生活水平的提高，海岸沙滩成了滨海风景重要资源。于是提出了在淤泥质海岸处建设人工沙滩的课题，其中之一是在厦门岛北侧同安湾西海岸建设人工沙滩，本文为此项研究工作的一部分。

厦门湾位于台湾海峡中部，为一半封闭海湾，如以围头-金门-流会为界，厦门湾内涵盖净水域面积约1 050 km²（图1）。湾内岸滩特征复杂，厦门岛东南海岸及金门岛南侧海岸呈典型的沙质岸滩特征，而东渡湾和同安湾大部分海岸均为淤泥质岸滩。

图1　厦门湾

在海岸动力学及海岸地貌学教科书中[1-4]，淤泥质岸滩特征为：滩面主要由粒径较细（$d_{50} \leq 0.03$ mm）的黏性颗粒组成，岸滩坡度较平缓（$i \leq 1/500$），对岸滩形态起控制作用的主要海洋动力是潮汐水流和大风浪。在海岸地貌学教科书和近年关于淤泥质岸滩潮间带沉积物的区域分布特征的研究均认为：淤泥质岸滩剖面上随着水深加大，沉积物逐渐变粗，高潮滩为颗粒较细的泥滩，中潮位处为泥-粉砂滩，低潮位处则为粉砂滩[3-6]。但在岸滩现场调查时，我们发现不少典型的淤泥质岸滩的高潮位附近依然存在一定范围的沙滩，与上述描述并不一致。

同时，我们发现在连云港墟沟 2006 年下半年耗资数百万元建设墟沟"阳光人工沙滩"，竣工后不到半年在底部滩面上淤积了 1~2 cm 厚的淤泥，发生了沙滩"泥化"现象。

由于国内外在淤泥质海岸建设人工沙滩的研究甚少，几无可借鉴的资料。考虑到厦门湾内岸滩形态多种多样，显然这与当地海洋动力条件及泥沙供给条件密切相关。为此，我们对厦门湾沿岸一些典型岸滩剖面特征进行了大范围的现场调查和勘测，并结合当地动力环境进行分析研究，设法对上述问题进行探讨。下面先介绍厦门湾海洋动力条件和供沙条件。

2   厦门湾海洋动力及供沙条件

2.1   潮汐潮流条件

厦门地区属正规半日潮，潮汐参数 $F = 0.34$，潮波呈驻波形态；厦门湾海域为强潮地区，中潮潮差为 4 m；图 2 为厦门湾潮位关系图。受地形条件影响，潮流为往复流，图 3 为厦门湾大潮全潮平均流速等值线分布图（数学模型计算成果），由图 3 可见，潮流通道主槽流速较大，近岸区流速较小。

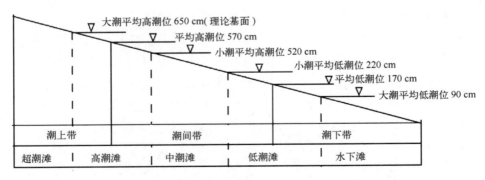

图 2   厦门湾潮位关系

2.2   厦门湾海域波浪场分布特点 （数学模型计算结果）[7]

岸滩剖面特征主要取决于当地年平均波浪要素，应用数值模型计算厦门湾典型波况（E 向和 SE 向）条件下年平均波高场分布（平均潮位，图 4），计算结果表明：

（1）波浪从厦门湾口外向湾内逐渐减小，围头、流会等外海测站年平均 $H_{4\%}$ 波高 1.0~1.2 m;

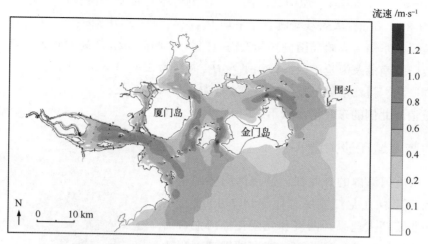

图3 厦门湾大潮全潮平均流速等值线分布

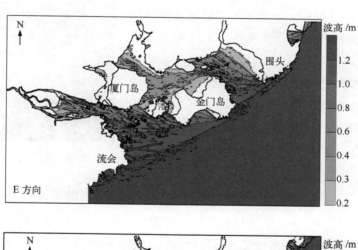

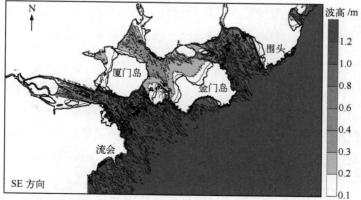

图4 厦门湾 E、SE 方向年平均 $H_{4\%}$ 波高分布

（2）漳州后石东侧海域、厦门岛南侧及东南侧海域直接受外海波浪作用影响，年平均 $H_{4\%}$ 波高为 0.8~1.0 m，大磬浅滩测点年平均 $H_{4\%}$ 波高为 0.7~0.8 m；

（3）厦门岛东侧、大嶝岛南侧和同安湾口门附近海域，$H_{4\%}$ 波高为 0.5~0.7 m；

（4）厦门港南港及海沧港区海域年平均 $H_{4\%}$ 波高为 0.4~0.6 m；

（5）同安湾、浔江水域的年平均 $H_{4\%}$ 波高为 0.3~0.4 m；

（6）鼓浪屿北侧的东渡湾水域年平均 $H_{4\%}$ 波高为 0.2 m。

2.3　厦门湾海域泥沙来源

径流汇入厦门湾内的九龙江，是台湾海峡西岸的第二大入海河系，九龙江流域总面积 14 740 km²，主要有西溪和北溪两大河系。西溪和北溪在福河汇合后入海进入九龙江河口湾，目前河口湾海域纳潮面积约 100 km²。根据近 60 年输沙量资料统计，九龙江年输沙量平均为 330×10⁴ t 左右。径流挟带的较粗颗粒泥沙在九龙江河口外淤积形成浒茂、乌礁、玉枕 3 个大型河口沙洲。

而较细颗粒泥沙随潮流输移到较远海域，是塑造厦门湾内淤泥质岸滩的泥沙的主要来源。图 5 为近年航拍九龙江河口湾泥沙向湾外输移扩散情况，浑水带可随潮到达厦门岛东海域。厦门岛东北的同安湾海域也是一个口小腹大的半封闭海湾，目前纳潮面积

图 5　九龙江河口泥沙输移

86 km²，湾内有大、小河溪十几条，据统计，每年输入同安湾的泥沙量 16×10⁴ t 左右。同安湾海岸线总长度约为 54 km，其中约 80% 的岸段为红土台地海岸，在偏东盛行风浪作用下，海岸容易发生侵蚀，波浪同时对侵蚀泥沙进行分选，细颗粒泥沙沉积到深水区，较粗颗粒泥沙向岸运动。风浪对海岸红土台地的侵蚀和分选，是当地高潮滩粗颗粒泥沙的主要来源。

3　厦门湾岸滩特征观测资料概况

2007 年 7 月，在厦门湾近岸区进行 30 条岸滩断面地形测量，采集底质沙样 90 个；同时进行大量海岸踏勘工作。根据地理位置，可将本次现场调研的厦门湾近岸海域分为 5 个区域：同安湾、厦门岛东侧及东南侧、漳州岛美–后石、大嶝岛海域以及泉州围头湾近岸海域（图 6）。

表 1 为 5 个观测区域的地理位置、地形地貌、岸滩泥沙和波浪动力特点。

从表 1 可以看出，厦门湾具有与教科书描述基本一致的沙质岸滩和淤泥质岸滩。但在一些平坦宽阔的泥滩的高潮位附近，并不是细泥，而是宽度不等的沙滩，这种类型岸滩剖

面特征既不同于沙质岸滩，也不同于淤泥质岸滩，可称之为"沙泥混合型"岸滩。

综上所述，九龙江等径流提供的细颗粒泥沙在强潮的厦门湾内随潮输移、沉积形成厦门湾淤泥质岸滩宏观环境。在一些海岸，如近岸区波浪作用较强，且波浪对海岸的侵蚀可提供较粗泥沙来源，同时在波浪的分选作用下，在高潮位附近形成宽度不等的局部沙质岸滩，沙滩趾部则为滩坡十分平缓、可以陷脚的泥质的淤泥滩，两者共同构成了"沙泥混合型"岸滩。

这种类型岸滩的存在，使我们看到在淤泥质海岸建设人工沙滩的可能性，为此需对"沙泥混合型"岸滩特征进行进一步分析研究。

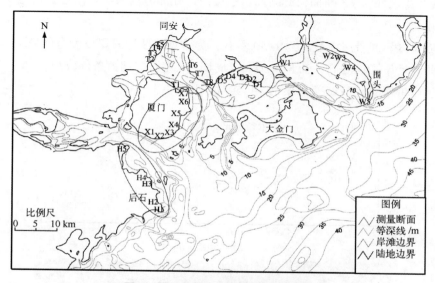

图6　厦门湾近岸海域测量断面位置

表1　厦门湾岸滩现场观测资料概况

位置		地理特点	观测断面	岸滩类型	年平均波高/m	平均坡度
同安湾	西侧	湾内掩护条件好	T2~T5	泥质	0.3~0.4	1/800~1/600
	口门	受大、小金门掩护	T1, T6~T8	沙泥混合型	0.5~0.6	1/140
厦门岛东南侧	东南	开敞	X1~X5	沙质	0.8~1.0	1/64~1/27
	东侧	受小金门掩护	X6, X7	沙泥混合型	0.6~0.7	1/209~1/135
漳州岛美– 后石海域	后石东	开敞海域	H1~H3	沙质	0.8~1.0	1/30
	后石北	半开敞海域	H4, H5	沙泥混合型	0.6~0.7	1/150
大嶝岛附近	岛南	受东向风浪影响	D1~D3	沙泥混合型	0.5~0.6	1/290~1/180
	岛西	受大、小金门掩护	D4~D5	泥质	0.4	1/800
围头湾	小嶝	半开敞	W1	沙泥混合型	0.5~0.6	1/215
	围头	开敞海域	W2~W5	沙质	0.8	1/22

注：本文定义"平均坡度"指厦门大潮平均高、低潮位之间（大致为理论基面高程 1.0~6.0 m 范围）滩面平均坡度。

4 厦门湾典型岸滩特征分析

4.1 厦门湾岸滩类型分类

由表 1 可知，此次 30 个岸滩断面可分为以下三大类型。

4.1.1 沙质岸滩

沙质海岸主要分布于厦门岛东岸南部海域、后石东南部海域以及围头湾部分海域。图 7 为其中具有代表性的 X3 断面，此断面位于厦门市亚洲海湾大酒店附近，由地形剖面图我们可以看出：

（1）近岸区潮间带岸滩坡度为 1/50 左右，为常见的沙质海岸坡度范围；

（2）此处近岸平均波高为 0.8~1.0 m，周期 5 s 左右，动力条件较强；

（3）近岸带岸滩泥沙粒径为 0.39~1.50 mm，为中、粗沙。

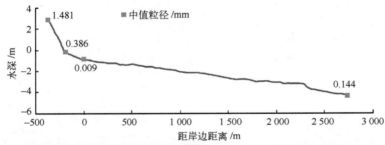

图 7 厦门岛东南椰风寨沙质岸滩及附近 X3 断面地形及底质情况

（说明：图中坐标"水深"是以理论基面为准的高程，以下类似图不再说明）

4.1.2 泥质岸滩特点

泥质海岸主要分布于同安湾西海岸，图 8 为具有代表性的 T3 断面形态，由图可以看出：

（1）T3 断面潮滩宽广，近岸潮间带岸滩坡度小于 1/500；

（2）由于同安湾湾内隐蔽条件较好，受大、小金门等众多岛屿掩护，外海涌浪无法进入，仅受当地风浪作用，因岸滩平缓，水深不大，波浪能量沿程衰减较快，波浪场数值计算当地年平均波高仅 0.3~0.4 m，是厦门湾内波浪较弱的海域；

（3）底质泥沙样品颗分结果表明，平均高潮位以下均为淤泥质岸滩，岸滩泥沙粒径在 0.007 mm 左右，为淤泥质粉砂。

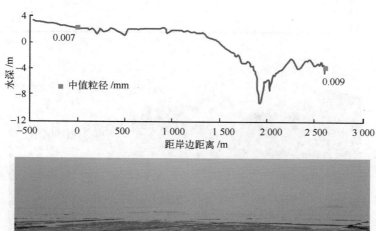

图 8　同安湾西岸泥质岸滩及附近 T3 断面地形及底质情况

4.1.3　沙泥混合型岸滩特征

沙泥混合型岸滩主要分布于厦门岛东岸北部海域、大嶝岛海域、围头湾海域及大磐湾海域。下面以具有代表性的厦门岛东岸北部海域 X7 断面（图 9）进行分析，可以看出：

（1）X7 断面近岸坡度为 1/135，分析可知，混合型岸滩坡度介于沙质海岸和泥质海岸之间，即多为 1/300~1/100。

（2）外海波浪传播受大、小金门等岛屿的掩护影响，X7 断面处波浪强度要小于厦门岛东南海域，近岸年平均波高大致为 0.5~0.7 m，属于中等波能海区。

（3）近岸红土台地在东向风浪作用下发生侵蚀，在波浪分选作用下，高潮滩形成宽约 15 m 的局部沙滩，泥沙粒径为 0.20~0.60 mm，为中粗沙，岸滩坡度为 1/10；紧接下部的为呈黑色的泥滩，泥沙粒径为 0.01~0.02 mm，为泥质粉砂，沙滩和泥滩之间在材质和坡度上有明显差别，存在一条"沙泥分界线"，沙泥分界高程大致在平均海平面以上 0~0.5 m（图9）。

图9 厦门岛东侧五通"沙泥混合型"岸滩及附近 X7 断面地形、底质情况

以上分析说明在厦门湾内，当近岸波浪波高在 0.5~0.7 m 时，且岸滩能够提供较粗颗粒泥沙来源时，则可具备形成"沙泥混合型"岸滩条件，此时岸滩下部为平缓的泥滩，但高潮位附近可以保持一定范围的沙质岸滩，两者间有明显的界线（图9），沙泥分界高程是沙泥混合型岸滩剖面的一个重要特征指标和参数。

4.2 沙泥混合型岸滩特点的进一步讨论

在厦门湾内多处可以观测到岸滩上部为局部沙滩，下部为宽阔的泥滩，两者之间有明显界线的现象。这一现象在国内其他一些淤泥质海岸环境也可发现[8]。这种类型岸滩已无法简单地用沙质或淤泥质岸滩来定义和分类。通过分析，厦门湾能够形成这类岸滩的条件为：

（1）九龙江等河流能够提供源源不断的细颗粒沙源；

（2）强潮流可将细颗粒泥沙输移并沉积于潮流动力较弱处形成淤泥质岸滩地形地貌环境，即悬沙和底质基本均为黏性细颗粒泥沙（≤0.03 mm）；如果没有波浪动力，岸滩剖面分布特征为高潮滩泥沙粒径较细，随水深加大泥沙粒径加粗；

（3）如果近岸区波浪动力作用较强，且海岸能够提供一定数量较粗颗粒泥沙来源（如波浪对海岸侵蚀等），在波浪的分选作用下，侵蚀泥沙中的粗颗粒泥沙向岸运动，细颗粒泥沙离岸运动，即可能形成高潮滩局部沙质岸滩现象，即"沙泥混合型"岸滩；

（4）在供沙条件相同情况下，沙泥混合型岸滩上的沙泥分界点位置主要取决于波浪条件，波浪越强，沙泥分界点水深越大，在有足够的粗颗粒泥沙供给条件下，沙滩范围就越大。

4.3 厦门湾"沙泥分界点"与近岸波高关系

现场分析表明，厦门湾岸滩存在一个"沙泥分界点高程"指标，它与当地近岸波浪条件密切相关。将部分观测断面具有明显沙泥分界点高程与当地近岸（平均）波高对应点绘于图 10。

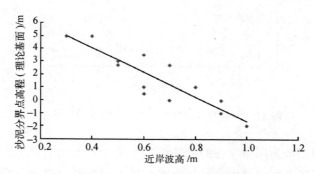

图 10 厦门湾部分观测断面沙泥分界点高程与近岸年平均波高（$H_{4\%}$）关系

可以看出，当近岸波高较小，沙泥分界点水深也小，即沙泥分界线位置较高，如波高小于 0.4 m，沙泥分界点一般在高潮位附近，滩面大部分被淤泥覆盖；在中等波浪条件下（年平均波高 0.6 m 左右），沙泥分界点位置一般在平均海平面附近；当波高较大（年平均波高大于 0.7 m），沙泥分界点位置在低潮位附近或更低，潮间带岸滩基本为沙质。这一规律可用表 2 说明。

表 2 厦门湾波高–沙泥分界点位置–岸滩类型

近岸年平均波高	岸滩类型	沙泥分界点位置
≤0.4 m	泥质	平均高潮位附近
0.5~0.7 m	沙泥混合型	平均海平面附近
>0.7 m	沙质	平均低潮位附近及以下

4.4 "沙泥分界点"概念在同安湾人工沙滩问题上的应用[9]

根据以上分析，在厦门湾凡近岸动力环境符合沙质和沙泥混合型的岸滩处均可考虑布置人工沙滩。显然，优质的人工沙滩应尽量布置在沙泥分界点水深比较大的地方。

原计划建设人工沙滩的同安湾西岸，处于波浪较弱的"泥质岸滩"动力环境，沙泥分界点在理论基面以上 5 m 附近，并不是一个适宜建设良好人工沙滩的自然环境。考虑到同安湾目前正在进行大规模的清淤工程，大部分滩面将从理论基面以上 2 m 左右，清淤至理论基面以下 1.3 m。

清淤工程实施后，可美化海景环境，不再看到黑色的淤泥；更重要的是可以增加近岸区波浪强度，进而降低沙泥分界点高程，减少人工沙滩今后发生"泥化"的可能性。据计算，近岸平均波高将从 0.25 m 增大至 0.34 m（图 11），沙泥分界点也可降低 1 m 左右。

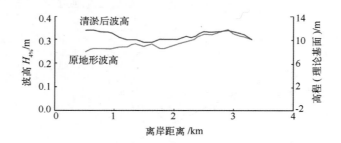

图 11　同安湾清淤方案实施前后波高沿程分布

需要说明，沙泥混合型岸滩存在的大环境如果是淤泥质动力环境，沙滩下部的泥滩是漫长的自然历史过程所形成。清淤导致的沙泥分界点的降低，只表示当地波浪动力条件增强后，具有形成范围更大的优质沙滩的自然条件，今后沙滩受到"泥化"影响的可能性降低，而不可简单地理解为它是新的泥滩滩面高程。

在沙泥分界点较高的岸滩铺设人工沙滩，如果水体细颗粒泥沙含沙量较高，人工沙滩滩面可能产生细颗粒泥沙淤积，这是人工沙滩的"泥化"问题，我们将另行讨论。

5　结　语

通过厦门湾 30 个断面剖面形态和泥沙特点的现场勘测工作，同时辅以潮流场和波浪场的数值模拟，从动力学角度对厦门湾各处的岸滩类型进行划分。首次指出厦门湾除了存在沙质岸滩和泥质岸滩外，还存在"沙泥混合型"岸滩。

分析认为，在淤泥质海岸大环境下，如近岸波浪较强，且有较粗颗粒泥沙供给，则可能产生高潮滩为沙滩，其下部为淤泥质泥滩的"沙泥混合型"岸滩。

本文首次提出"沙泥分界点"的概念，指出沙泥分界点高程主要取决于当地近岸波浪条件。并说明此概念在人工沙滩问题上的应用。

参考文献

[1] 薛鸿超,等.海岸动力学 [M].北京:人民交通出版社,1980.
[2] 陈士荫,等.海岸动力学 [M].北京:人民交通出版社,1988.
[3] 王颖,朱大奎.海岸地貌学 [M].北京:高等教育出版社,1992.
[4] 王宝灿,黄仰松.海岸动力地貌 [M].上海:华东师范大学出版社,1989.
[5] 贺松林.淤泥质岸滩剖面塑造的探讨 [G] //陈吉余,等.中国海岸发育过程和演变规律.上海:上海科学技术出版社,1989.
[6] 王爱军.淤泥质海岸潮间带沉积物的区域分布特征及影响因素 [C].第十届中国河口海岸学术研讨会论文集,2007.
[7] 潘军宁,王红川.厦门湾及厦门东海域波浪场数模计算 [R].南京水利科学研究院,2007.
[8] 黄世昌,等.淤泥质海床相邻的岬湾沙滩剖面特征研究 [J].海岸工程,2016,35 (4).
[9] 徐啸,等.人工沙滩研究 [M].北京:海洋出版社,2012.

(原文刊于《河海大学学报(自然科学版)》,2018 年第 2 期,
原文题名:《沙泥混合型岸滩及沙泥分界点初探——厦门湾岸滩类型调查》)

淤泥质海岸存在天然沙滩的动力学环境

摘　要： 连云港海域为典型的淤泥质海岸，但存在 5 个天然沙滩，本文应用现场勘查途径，设法解释在淤泥质海岸环境下天然沙滩能够存在的动力学机制，揭示出波能较集中的波浪条件和岬角–海湾型地形特点，是连云港淤泥质海岸能够存在 5 个天然沙滩的重要因素。文中还介绍了墟沟人工沙滩的泥化现象。

关键词： 连云港；淤泥质海岸；天然沙滩

1　前言

随着国民经济发展，人民生活水平的提高，在淤泥质海岸建设人工沙滩的课题被相关人士提出。连云港海域为典型的淤泥质海岸，但在此海域范围内存在 5 个天然沙滩，连岛北侧的大沙湾等甚至是国内知名的海滨浴场。本文应用现场勘查途径，结合当地海岸动力条件分析，设法解释在淤泥质海岸环境下天然沙滩能够存在的动力学机制，据此探讨在淤泥质海岸建设人工沙滩的可能性及条件。

2　连云港地区地形地貌及泥沙特点[1,2]

连云港海域位于海州湾的南部。海州湾海岸地貌形态南北不尽相同，以兴庄河口—秦山岛为界，以北海滩为沙质、粉砂质海岸，以南为淤泥质海岸。主要原因是近岸泥沙来源不同：兴庄河口—秦山岛以北海岸泥沙来自岚山头以北，而兴庄河口—秦山岛以南的泥沙来自废黄河口（图 1）。海州湾海岸自北向南分为 4 种类型：兴庄河口以北为侵蚀型沙质海岸，兴庄河口至西墅范围为堆积型淤泥质海岸，东西连岛附近为基岩海岸，连云港南翼的废黄河口为侵蚀型淤泥质海岸。

连云港潮滩以粉砂淤泥质为主，水下滩坡十分平缓，平均滩坡为 1/1 500 左右。连云港地区淤泥质海岸形成于公元 1128—1855 年黄河在江苏北部夺淮入海时期，是该时期内所形成的巨大的废黄河三角洲的组成部分。自 1855 年黄河北归山东以后，由于黄河巨量入海泥沙的骤然枯竭，原先强烈淤涨的三角洲海岸，转变为海洋动力作用下的海岸强烈侵蚀后退过程，岸滩侵蚀物质在潮流作用下大部分向外海扩散，部分则随沿岸潮流方向，由南而

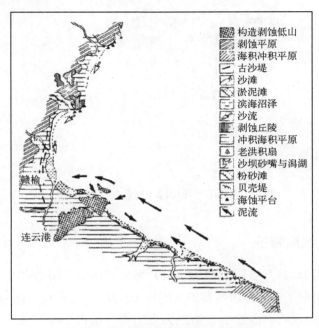

图1　海州湾近岸沿岸地貌与泥沙流

北作往复运移，于连云港北部的海州湾湾顶淤积。波浪掀沙和潮流输沙是本区域泥沙运动的主要特点。因外来泥沙的减少，泥沙运动可定性为本区域泥沙的就地输运搬移，是准封闭的泥沙系统。

3　连云港海域海洋水文及气象条件[3,4]

3.1　风

据连云港海洋站气象观测，1974—2003年定时实测风资料分向分级统计，连云港测站的常风向为偏东向，ESE向出现频率为11.43%，E向出现频率次之，为10.29%，强风向为偏北向，6级以上（含6级）大风占全年频率的8.07%，其中NNE向占23%，N向占19%（图2）。

3.2　潮汐潮流

连云港大西山海洋站多年资料统计表明，潮汐属正规半日潮性质。据连云港报潮所站多年潮位观测资料统计（理论基面），连云港平均潮差3.39 m，最大潮差6.48 m。

根据河海大学数模计算结果，连云港海域近岸1 000 m范围内流速迅速减小，离岸方向随水深增加流速逐渐增大，离岸5 000 m处大潮全潮平均流速为0.35 m/s左右[4]。

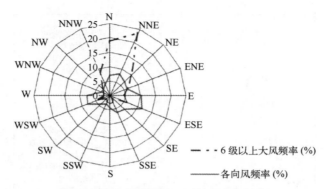

图 2　连云港大西山海洋站各向风频率统计

3.3　连云港海域波浪特征

根据连云港大西山海洋站（34°47′N、119°26′E）1962—2003 年实测波浪各级、各向波浪频率分布资料绘制了连云港海域波浪频率分布玫瑰图（图 3）。连云港海域的常浪向为 NE 向；以风浪为主出现频率占 63%，涌浪为主的混合浪占 28%。累年各向平均波高以偏北向为最大。累年 $H_{1/10}$ 最大波高为 5.0 m，NNE 向。图中同时绘制了波能分布玫瑰图，可以看出，连云港海域波能主要集中在 NNE—NE 向范围内，即当地强浪向和常浪向基本一致。图 3 与图 2 相比可以看出，当地大浪与大风之间具有密切相关关系。

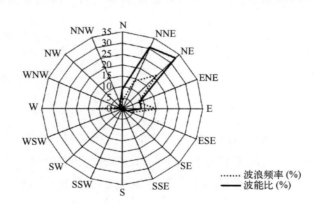

图 3　连云港海洋站波浪频率及波能比

（1962—2003 年实测波浪资料）

4　连云港地区的天然沙滩情况[5]

虽然连云港近海环境总体上为典型的淤泥质海岸，但长期以来存在 5 个天然沙滩，图 4 为这 5 个天然沙滩的位置分布示意。

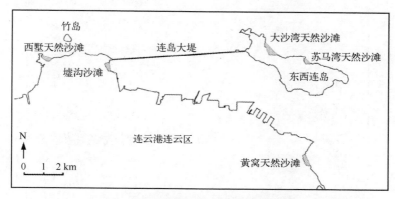

图 4　连云港海域 5 个天然沙滩位置

4.1　天然沙滩平面形态特点

表 1 为连云港地区 5 个天然沙滩的几何平面形态特征值。由图 4 和表 1 可以看出，5 个天然沙滩在平面形态上均为内凹弧型海湾，沙滩湾两端有岬角地貌。

表 1　连云港天然沙滩平面形态特点

沙滩名称	沙滩湾口门宽/m	沙滩湾中部径深距离/m	沙滩湾口门方向/°	说明
西墅	550	207	NNE　(20)	原海滨浴场已报废
墟沟	480	180	E　(87)	2006 年建人工沙滩
大沙湾	850	310	NE　(38)	目前为海滨浴场
苏马湾	300	160	NE　(38)	目前为海滨浴场
黄窝	650	240	ENE　(70)	2011 年开始被围填

4.2　天然沙滩平面形态与强浪向之间关系

图 5 为 5 个天然沙滩平面与连云港地区波浪能量分布关系图。由图 5 可以看出：天然沙滩湾单元口门基本正对着强浪向方向；除墟沟沙滩外，外海来浪均可直接作用于各天然沙滩。

4.3　连云港天然沙滩剖面形态特点

连云港海域 4 个天然沙滩剖面情况如图 6 至图 9 所示。在表 2 中进一步列出 5 个沙滩剖面的一些特征参数。由图和表可以看出，天然沙滩潮上带宽度大致为 30~90 m，潮间带沙滩坡度除了西墅沙滩外，基本为 1/50~1/30。近岸沙滩坡度较陡，500 m 外坡度较缓，潮下带岸滩坡度基本在 1/1 600 左右。西墅沙滩近年因受人为因素影响，仅高潮位附近存在约 50 m 宽的天然沙滩，其他海床均为粉砂质淤泥（中值粒径 0.01 mm 左右），沙泥分界线高程在理论基面以上 2 m 左右；墟沟沙滩目前为人工沙滩。有关参数已不能反映天然条件。

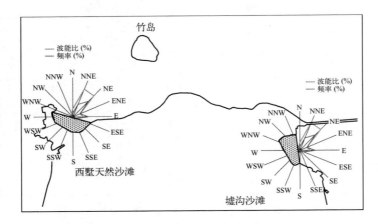

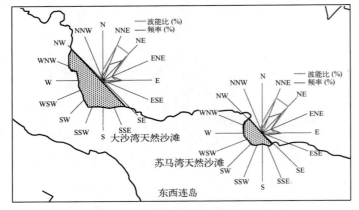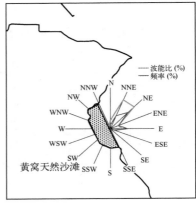

图 5　连云港地区沙滩平面形态与当地强浪向关系

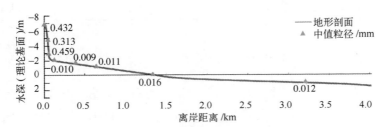

图 6　西墅沙滩断面及粒径分布

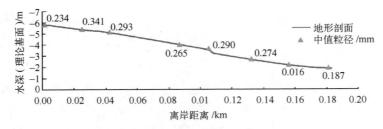

图 7　墟沟沙滩断面及粒径分布

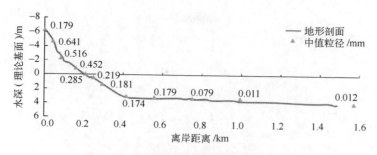

图8　大沙湾沙滩断面及粒径分布

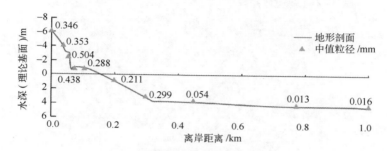

图9　苏马湾沙滩断面及粒径分布

表2　连云港海域天然沙滩剖面特征参数

沙滩名称	潮上带宽度/m	潮间带宽度/m	潮间带坡度	潮下带坡度	沙滩宽度/m	沙泥分界线高程
西墅	35	500	1/150	1/1 550	30	理论基面以上2.0 m
墟沟（人工沙滩）	60	140	1/50	—	200	理论基面以上
大沙湾	90	110	1/33	1/1 580	700	理论基面以下3.5 m
苏马湾	25	35	1/11	1/1 620	500	理论基面以下3.8 m
黄窝	30	160	1/48	1/1 670	250 左右	理论基面以下0.5 m

4.4　连云港天然沙滩动力特点

4.4.1　连云港海域波浪场[6]

图10为数学模型计算海州湾海域强浪向条件下波场分布图（平均波高）。由图可知，连岛外侧苏马湾和大沙湾波浪最强；西墅外海域地形平缓，水深小，西墅沙滩近岸波浪相对较小；由于西大堤的建成，墟沟沙滩在连云港港区顶部，波浪最小。

4.4.2　天然沙滩剖面上近岸波高分布特点

由波浪传播理论可知，波浪在向岸行进过程中，沿程床面地形对波浪的传播变形和损耗有重要影响。图11为连云港地区4个天然沙滩地形剖面图，图12为深水波浪向沙质岸

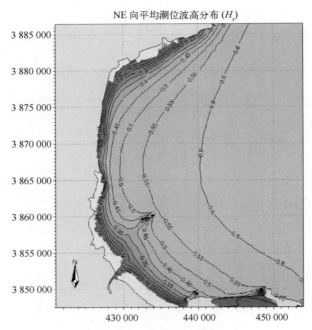

图 10　海州湾 NE 向平均波高分布

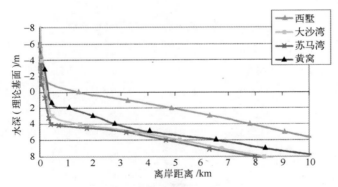

图 11　各天然沙滩剖面地形

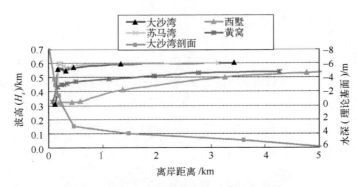

图 12　各天然沙滩处平均波高沿程分布

滩传播时平均波高沿程分布情况。可以看出，大沙湾和苏马湾波浪动力条件相当，沙滩近岸平均波高为 0.55~0.60 m，黄窝沙滩近岸平均波高为 0.45 m 左右，西墅沙滩近岸平均波高已经小于 0.30 m。即沙滩外缘水深较大，波浪在向岸行进过程中损耗较少，可保证沙滩滩面范围内存在较强的波浪条件，岸滩的沙泥分界点水深大，即优质的沙滩范围大。

由此可知，岸滩剖面水深条件是天然沙滩存在的重要条件。

4.4.3 波浪强度与岸滩沙泥分界线之间关系

我们在调查研究厦门湾岸滩规律时发现，在一些淤泥质海岸环境下，岸滩底部有明显的泥滩特点（细颗粒泥沙滩面和小于 1/500 的平缓岸坡），高潮位岸滩为典型的沙滩。上部的沙滩和下部的泥滩之间有明显的界线，我们称之为"沙泥分界线（点）"。研究表明，厦门湾此类岸滩的沙泥分界线（点）与当地近岸平均波高密切相关（图13）[7]。

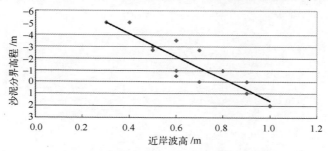

图 13　厦门湾平均波高（H_s）与沙滩沙泥分界线高程

由连云港底质取样资料分析可知，连云港海域天然沙滩也存在沙泥分界线（点）。将 2011 年 4 月现场观测的海州湾海域天然沙滩的沙泥分界线高程和计算得出的各处平均波高（H_s）绘制于图 14，可以看出其规律性是明显的。说明在淤泥质海岸要形成天然沙滩的重要条件是近岸区要有足够大的波浪，波浪越大，沙泥分界点越低，沙滩范围越大，质量越好。近岸区较强的波浪条件是淤泥质海岸能够存在天然沙滩的最重要的动力因素。

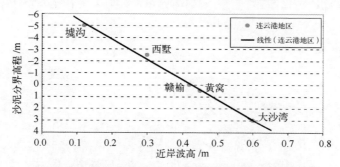

图 14　连云港平均波高（H_s）与沙滩沙泥分界线高程

4.4.4 各天然沙滩水域挟沙率能力比较

窦国仁挟沙率能力计算公式形式如下[8]：

$$S_* = \alpha \frac{\gamma \gamma_s}{\gamma_s - \gamma} \left[\frac{V^3}{C_c^2 h \omega} + \beta \frac{H^2}{h T \omega} \right] \qquad (1)$$

式中：α、β 为系数，其值分别为 0.023 和 0.000 4；γ 和 γ_s 分别为水容重和泥沙颗粒容重；V 为全潮平均流速；H 和 T 为平均波高和波周期；C_c 为谢才系数；ω 为床面泥沙沉速，按泥质床面条件考虑，取值为 0.05 cm/s。计算结果如图 15 所示。在离岸较远的泥质床面条件下，计算结果可以说明当地水体的挟沙能力；在近岸沙滩条件下，计算结果可用来衡量海洋动力对淤积在沙滩滩面上细颗粒泥沙的再悬浮能力。西墅近海范围水深较浅，波流共同作用下泥滩范围挟沙力含沙量最大，而近岸（约 400 m）范围内波浪的掀沙能力远低于其他各天然沙滩，导致它的沙滩范围最小，沙泥分界线最高。

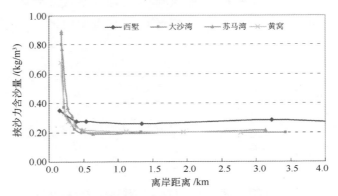

图 15　连云港各天然沙滩挟沙力含沙量离岸方向分布特点

4.4.5　墟沟人工沙滩的"泥化"现象

20 世纪 80 年代末，连岛西大堤建成后，墟沟天然沙滩处波浪明显减小，天然沙滩迅速变成浑浊的泥滩。2006 年 6 月连云港市耗资 4 000 万元，建成墟沟人工沙滩（在海一方公园"阳光沙滩"），不久人工沙滩滩面就出现明显的淤泥淤积。图 16（a）为"阳光沙滩"建成后半年（2007 年 2 月）现场照片，可以清楚地看出，沙滩上泥化现象已十分明显。

图 16　墟沟 2006 年 6 月建成的人工沙滩滩面上的"泥化现象"

（a）2007 年 2 月挡沙堰附近的泥化现象；（b）2011 年 4 月挡沙堰附近泥化现象有所改善

墟沟近岸平均波高仅 0.1 m，沙泥分界线高程高，且存在大面积水深较小，水体含沙浓度大的浅滩，是人工沙滩发生"泥化现象"的两个主要原因。其后，因港区围海造地需要，在沙滩前水域清淤取泥，水深加大、水体含沙浓度降低，人工沙滩泥化现象也随之改善，如图 16（b）所示。这一过程表明，沙滩前水域的清淤对改善人工沙滩品质和减少泥化现象均有积极作用。

5 人类活动对天然沙滩的影响

5.1 大路口吹泥站对大沙湾沙滩的影响

1983 年由于港口建设的需要，建成大路口吹泥站，港内疏浚的淤泥可通过此吹泥站抛到连岛北侧大沙湾，至 1991 年，共疏浚土方 2 500×10⁵ m³。

1983 年 3 月 8 日至 9 月 4 日，进行排泥扩散试验，其间吹泥 180×10⁵ m³，其中 120×10⁵ m³ 进入连岛北侧海域运移扩散，有 85×10⁵ m³ 淤积在排泥口外 1.1 km 范围内（大致在 −3 m 等深线以内），由图 17 可以看出，此次吹泥使大沙湾滩面大范围淤积淤泥 1 m 以上。在停止排泥 2 个月后进行的测量表明，新淤泥沙已基本消失，海滩恢复到排泥前的天然情况。经过 10 年的排泥，连岛北侧海滩并没有发生任何"泥化现象"。进一步说明在合适的近岸波浪条件和地形边界条件下，即使有大量淤泥供给，经过近岸波浪对泥沙的分选作用，天然沙滩依然可以得到较好的维持。

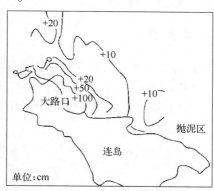

图 17　吹泥结束时淤积等厚线图[9]

5.2 围海工程对黄窝海滨浴场沙滩的影响

黄窝近岸原为较好的沙滩，近年外海建设围堤后，黄窝沙滩出现明显泥化现象（图 18），随后沙滩上泥沙被取走，天然沙滩逐渐消失。

图18　黄窝天然沙滩的变化

6   结　语

（1）连云港海域为典型的淤泥质岸滩。

（2）连云港淤泥质海岸能够存在天然沙滩的自然条件如下：

①当地存在较强的且波向又比较集中的波浪条件；

②当地存在凹形海湾—岬角型地形条件，湾口法向与强波向较一致，既可以满足近岸沙滩区波浪较强，又不会产生较强的沿岸输沙，避免湾内泥沙流失；

③凹形海湾湾口外水深较大，使近海区挟沙力含沙量较低，可减少导致沙滩泥化细颗粒泥沙来源，又可使近岸沙滩区波浪较强，细颗粒泥沙不易落淤，保证了沙滩的质量。

总之，波能较集中的波浪条件和岬角—海湾型地形特点，是连云港淤泥质海岸能够存在天然沙滩的重要因素。

参考文献

[1] 王宝灿，等. 海州湾岸滩演变过程和泥沙流动向. 连云港回淤研究论文集 [M]. 南京：河海大学出版社，1990.

[2] 虞志英，等. 连云港地区泥沙运移和冲淤趋势. 连云港回淤研究论文集 [M]. 南京：河海大学出版社，1990.

[3] 国家海洋局上海海洋环境监测中心站. 连云港自然条件基础资料整编 [R]. 2004.

[4] 陆培东，等. 连云港市滨海新区陆域形成工程堤线布置初步研究 [R]. 南京水利科学研究院，南京师范大学，2006.

[5] 徐啸，等. 连云新城岸段海洋景观环境整治及建设人工沙滩技术可行性研究 [R]. 南京水利科学研究院，2011.

[6] 连云港海滨新区陆域形成工程设计波浪要素及年平均波浪场推算 [R]. 河海大学，2006.

[7] 徐啸，等. 沙泥混合型岸滩及沙泥分界初探——厦门湾岸滩类型调查 [J]. 河海大学学报（自然科学版），2018（2）.

[8] 窦国仁，董凤舞. 潮流和波浪的挟沙力 [J]. 科学通报，1995，40（5）.

[9] 虞志英，等. 连云港淤泥岸滩水动力特征及人工吹泥条件下的岸滩演变. 连云港回淤研究论文集 [M]. 南京：河海大学出版社，1990.

第二部分

沙滩及波浪、泥沙运动实例研究

厦门港波浪传播变形的数值模拟

摘　要：本文应用改进的 Dobson 法计算了厦门港波浪传播变形状况，结果表明，在外海东南向波浪作用下，胡里山以东，鸡屿至嵩屿附近部分岸线处为波射线集中区，波高较大；而嵩鼓、厦鼓水道及九龙江河口湾南岸为波射线分散区，波高较小。

关键词：厦门港；波浪传播变形；数值模拟

1　计算模式

波浪自深海传播至浅水区，由于床面作用，将发生变形。目前，计算浅水波要素（波高及波向）的方法主要有两种：一种是基于波数守恒和波能守恒原理的数值解析法；另一种是基于几何光学原理及一般运动学原则的波射线法。

基于几何光学的 Snell 定理的适用条件主要是等深线平行或近似平行，当地形条件较复杂时，需联立求解波射线微分方程和波浪强度参数 β 方程来确定波向角 α 和折射系数 K_r。

计算波向可如图 1 所示，设波射线上增量为 $\mathrm{d}s$，应用运动学原则有

$$\frac{\mathrm{d}x}{\mathrm{d}t} = c\cos\alpha \tag{1}$$

$$\frac{\mathrm{d}y}{\mathrm{d}t} = c\sin\alpha \tag{2}$$

$$\frac{\mathrm{d}\alpha}{\mathrm{d}t} = \frac{\partial c}{\partial x}\sin\alpha - \frac{\partial c}{\partial y}\cos\alpha \tag{3}$$

式（3）也可写成：

$$\frac{\mathrm{d}\alpha}{\mathrm{d}s} = \frac{1}{c}\left(\frac{\partial c}{\partial x}\sin\alpha - \frac{\partial c}{\partial y}\cos\alpha\right) = K \tag{4}$$

根据线性波理论，

极浅水波速：
$$c = \sqrt{gh} \tag{5}$$

浅水波速：
$$c = c_0\tanh\left(\frac{2\pi k}{L}\right) \tag{6}$$

深水波速：
$$c_0 = \frac{gT}{2\pi} \approx 1.56T \tag{7}$$

式中：h 为水深；T 为周期；L 为波长。

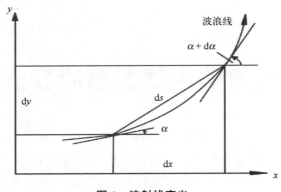

图 1 波射线定义

若水深函数 $h(x, y)$ 已知，应用式（1）至式（7）可连续计算波射线上各点坐标 (x_i, y_i) 及对应的近似波向角。迭代步骤如下：

$$\left.\begin{aligned}
\bar{c} &= (c_i + c_{i+1})/2 \\
\Delta s &= c \cdot \Delta t \\
\bar{K} &= (K_i + K_{i+1})/2 \\
\Delta \alpha &= \bar{K} \cdot \Delta s \\
\bar{\alpha} &= \alpha_i + \frac{\Delta \alpha}{2} \\
x_{i+1} &= x_i + \Delta s \cos\bar{\alpha} \\
y_{i+1} &= y_{i+1} + \Delta s \sin\bar{\alpha}
\end{aligned}\right\} \tag{8}$$

Munk 等[1]根据两条波向线之间波能守恒原则，导得波浪强度参数（又称为波向线扩散因子）β 的微分方程：

$$\frac{\mathrm{d}^2\beta}{\mathrm{d}t^2} + p'\frac{\mathrm{d}\beta}{\mathrm{d}t} + q'\beta = 0 \tag{9}$$

其中：

$$p' = -2\left(\frac{\partial c}{\partial x}\cos\alpha + \frac{\partial c}{\partial y}\sin\alpha\right) \tag{10}$$

$$q' = c\left(\frac{\partial^2 c}{\partial x^2}\sin^2\alpha - \frac{\partial^2 c}{\partial x\partial y}2\sin\alpha\cos\alpha + \frac{\partial^2 c}{\partial y^2}\cos^2\alpha\right) \tag{11}$$

以上各式中 α 为波射线与 x 轴之间夹角，逆时针方向为正。式（4）和式（9）是计算波射线的控制方程。若用水深 h 代替波速 c，则两方程可改写成：

$$K = \frac{\mathrm{d}\alpha}{\mathrm{d}s} = \frac{1}{c}\frac{\mathrm{d}c}{\mathrm{d}h}\left(\frac{\partial h}{\partial x}\sin\alpha - \frac{\partial h}{\partial y}\cos\alpha\right) \tag{12}$$

$$\frac{\mathrm{d}^2\beta}{\mathrm{d}t^2} + p\frac{\mathrm{d}\beta}{\mathrm{d}t} + q\beta = 0 \tag{13}$$

其中：

$$p = -2\frac{\mathrm{d}c}{\mathrm{d}h}\left(\frac{\partial h}{\partial x}\cos\alpha + \frac{\partial h}{\partial y}\sin\alpha\right) \tag{14}$$

$$q = c \left\{ \sin^2\alpha \left[\frac{\partial^2 h}{\partial x^2} \frac{dc}{dh} + \left(\frac{dh}{dx} \right)^2 \frac{d^2 c}{d h^2} \right] - \sin 2\alpha \left[\frac{\partial^2 h}{\partial x \partial y} \frac{dc}{dh} + \frac{\partial h}{\partial x} \frac{\partial h}{\partial y} \frac{d^2 c}{dh^2} \right] + \right.$$

$$\left. \cos^2\alpha \left[\frac{\partial^2 h}{\partial y^2} \frac{dc}{dh} + \left(\frac{dh}{dy} \right)^2 \frac{d^2 c}{dh^2} \right] \right\} \tag{15}$$

在极浅水区：

$$\frac{dc}{dh} = \frac{1}{2} \sqrt{\frac{g}{h}} \tag{16}$$

$$\frac{d^2 c}{dh^2} = U \frac{dc}{dh} \tag{17}$$

其中：

$$U = -\frac{1}{2h} \tag{18}$$

浅水区：

$$\frac{dc}{dh} = \frac{\sigma c\ (1 - R_c^2)}{cR_c + \sigma h\ (1 - R_c^2)} \tag{19}$$

$$\frac{d^2 c}{dh^2} = U \frac{dc}{dh} \tag{20}$$

其中：

$$R_c = \frac{c}{c_0} \tag{21}$$

$$U = -\frac{2\sigma c R_c}{[cR_c + \sigma h(1 - R_c^2)]} \tag{22}$$

$$\sigma = \frac{2\pi}{T} \tag{23}$$

式（12）至式（13）构成了求解波射线的基本方程组，由此可求出各点波向角及波强参数 β，并由 β 计算折射系数：

$$K_r = \frac{1}{\sqrt{|\beta|}} \tag{24}$$

各点波高为 $\qquad\qquad H = K_r K_s H'$

式中：H' 为波射线起点波高；K_s 为波浪浅水变形系数。

当水深较小时，非线性影响显著，为考虑非线性作用，采用岩垣雄一等由双曲线波浪理论得到浅水变形半经验关系式[2,3]：

$$K_s = K_{s0} + \mu \left(\frac{h}{L_0} \right)^{-2.8} \left(\frac{H_0}{L_0} \right)^{1.2} \tag{25}$$

式中：K_{s0} 为应用微幅波理论算得的浅水变形系数，右边第二项为考虑非线性影响的修正项。

波浪进入浅水区后，不仅有波能集中，还存在波能损耗（紊动损耗及底摩阻损耗等），根据笔者经验，适当调式（25）中系数 μ 值，可以较好地反映实际波况。在计算中笔者取 $\mu = 0.01$。

目前已有不少求解波射线方程的方法，影响计算精度的关键是网格内各点水深的处理。本文采用 Dobson 改进模式[4]，即用深度为网格，以二次拟合曲面计算深度的局部改

变。水深拟合关系为

$$h(x, y) = e_1 + e_2 x + e_3 y + e_4 x^4 + e_5 xy + e_6 y^2 \qquad (26)$$

其导数项为

$$\left.\begin{array}{ll} \dfrac{\partial h}{\partial x} = e_2 + 2e_4 + e_5 y, & \dfrac{\partial^2 h}{\partial x^2} = 2e_4 \\[3mm] \dfrac{\partial x}{\partial y} = e_3 + e_5 x + 2e_6 y, & \dfrac{\partial^2 h}{\partial y^2} = 2e_6 \end{array}\right\} \qquad (27)$$

式中：x、y 是局部坐标变量，参数 $\{e_i\}$ 通过周围 12 个节点深度值（图 2），利用最小二乘法来确定。计算域内任一点 (x, y) 处水深 $h(x, y)$ 及其导数项即可由式（26）及式（27）近似计算[4,5]。

波射线由给定点 (x', y') 和波向角 α' 出发，通过反复迭代，依次求出射线上各点的波向角 α 和波强参数 β，直到波浪到达岸边或边界为止。在本计算中还考虑了波浪可能发生破碎，破碎指标用以下简单形式：

$$\frac{h_b}{H_b} = 0.78 \qquad (28)$$

2　厦门港波浪变形计算

2.1　厦门港自然条件

本文中"厦门港"指厦门岛以南，鸡屿以东，青屿以西水域，水深约 $10 \sim 20$ m（图3）。虽然港外有大金门、小金门、大担、二担等岛屿掩护，但仍受外东南方向涌浪和风浪的影响。表 1 列出离本海域最近的几个测波站的波浪资料。

厦门港距流会测波站最近，但流会测波站仅有 1960—1963 年的资料，在参照围头测波站和崇武测波站资料后，取 $H=6.0$ m，$T=10.4$ s，波浪方向为 SE，代表最不利外海波浪条件。

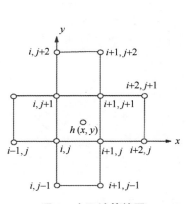

图 2　水深计算简图

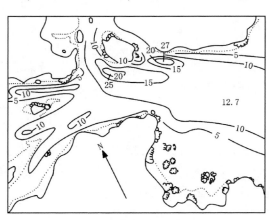

图 3　计算区域地形

等值线表示水深，单位：m

表 1   海浪统计值

参数	流会测波站	围头测波站	崇武测波站
平均波高/m	1.1	1.2	0.9
最大波高/m	6.0	7.0	6.5
平均波周期/s	3.9	5.3	3.7
最大波周期/s	10.4	15.0	11.4
最多风浪向	E	E	NNE
最多风浪向频率/%	—	—	30
最多涌浪向	—	—	SE
最多涌浪向频率/%	—	—	70
资料年限	1960—1963 年	1959—1963 年	1965—1980 年

2.2   计算结果分析

应用 Fortran 语言编制的程序，在计算机上可以迅速地算出波射线进入厦门港后传播情况及各点波高。图 4 绘制了波射线情况。各波射线上波浪均在到达海岸之前即已破碎。为便于比较，笔者还计算了起始波向为 ESE 及 SSE 两种情况下的波射线。计算结果绘于图 4。根据计算结果可得下列几点结论：

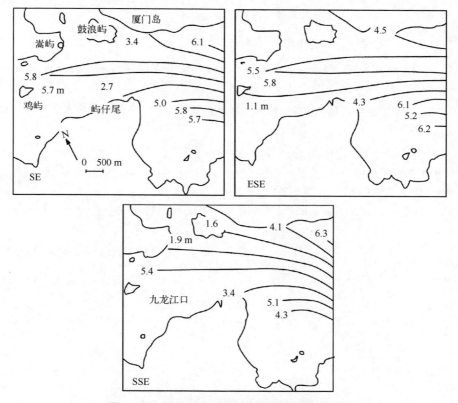

图 4   SE、ESE 和 SSE 向波浪条件下的波射线

（1）外海来浪一般不能直接传播进入厦门西海域，而是以绕射波形式进入鼓浪屿以北水域，这说明厦门西海域的隐蔽条件较好；

（2）厦门港地形条件较复杂，波射线传播过程亦呈现复杂的变化，总的来看，在外海东南向来浪条件下，胡里山—白石头，鸡屿—嵩屿等岸线部位为波射线集中区，近岸破碎波高可达 4~5 m；

（3）嵩屿—鼓浪屿—厦门岛及九龙江河口湾南岸为波射线分散区，近岸破碎波波高相对较小。近年曾在嵩屿进行一整年波高观测，测得最大波高为 2 m 左右，与本计算结果基本一致。

3　结　语

本文应用改进的 Dobson 法计算了厦门港波浪传播情况。计算结果表明，在 SE 向波浪作用下，本区域的胡里山—白石头海岸，鸡屿附近以及大磐角以南部分岸线为波能集中区，波高相对较大；而嵩鼓水道、厦鼓水道及九龙江河口湾口门南北两岸为波射线分散区，波高相对较小。一般情况下，外海东南向来浪不会直接传播进入厦门西海域。从整体上看，本计算结果是合理的。通过计算说明，应用本文采用的方法可以迅速计算天然复杂地形条件下波浪传播变形。由于缺乏本区域波浪同步观测资料，验证工作留待今后进行。

参考文献

[1] Munk W H, Arthur R S. Wave Intensity Along a Refracted Ray [S]. National Bureau of Standard, 1952, 521: 95-108.

[2] 岩垣雄一，间濑肇，田中刚. 浅水中随机波的波高变化 [C]. 京都大学防灾研究所年报, 1981: 509-523.

[3] 吴宋仁. 海岸动力学（第三版）[M]. 北京：人民交通出版社, 2004.

[4] Dobson R S. Some Applications of Digital Computers to Hydraulics Engineering Problems [R]. Stanford University, 1967.

[5] 张峻岫. 计算水波折射的 Dobson 方法及其应用 [J]. 水动力学研究与进展, 1986 (1).

（原文刊于《台湾海峡》，1992 年第 1 期）

近海采沙对岸滩稳定性影响
物理模型设计及验证试验

摘　要： 为解决曹妃甸工程用沙问题，计划在曹妃甸甸头东侧滩涂采沙，因关系到曹妃甸岸滩的稳定性，拟通过波浪泥沙物理模型进行试验研究，探讨采沙对岸滩向岸−离岸运动的影响。本研究运用二维沙滩剖面特性的研究成果于三维海滩条件，判别各采沙方案实施后对岸滩冲淤趋势的影响，进而作为判断对岸滩稳定性影响的指标。

关键词： 曹妃甸；近海采沙；物理模型设计；验证试验

海沙是国家重要的矿产资源，为满足海滩侵蚀防护和修复、人工沙滩建设及海岸工程对沙源的需要，一般需在工程区附近海域采沙。但近海采沙可能引起两个重要的环境影响问题，即采沙对附近岸滩稳定性的影响以及对生态环境的影响。本文主要涉及岸滩稳定性有关问题。

为尽量减少采沙对地理环境造成的不利影响，政府部门对近海采沙作了许多规定和限制，其中包括要求用数学模型或物理模型预测采沙对岸滩冲淤的影响[1,2]。

由泥沙运动理论可知，海洋环境下波浪一般是沙质岸滩的主要动力条件，而岸滩的冲淤主要呈现为向岸−离岸运动形式，即横向输沙。因对波浪横向输沙机制还未充分掌握，目前研究采沙对岸滩冲淤趋势影响时，有的用岸线二维数学模型进行预测，也有的用潮流悬沙数学模型进行预测[3]，显然都有其局限性。

为回答曹妃甸甸头东侧滩涂选择采沙区对曹妃甸岸滩稳定性的影响，决定采用动床物理模型试验，研究各采沙方案实施后的向岸−离岸泥沙运动特点，利用岸滩冲淤类型的判数有关成果[4]，评估采沙对岸滩稳定性的影响程度。本研究包含 3 个基本内容：物理模型的设计和验证试验；定床试验部分，用以确定采沙方案实施后对近岸波场的影响，为动床波浪泥沙试验奠定基础[5]；动床模型试验[6]。本文即第一部分内容。

1　采沙工程概况和对物理模型的要求

因曹妃甸某基建工程围海造地需要吹填沙约 4×10^7 m³，设计单位拟在曹妃甸甸头东侧岸坡采沙，初步选定采沙区如图 1 所示，2 号、4 号及 8 号 3 个沙源区，采沙区域主要位于 $+1 \sim -12$ m 范围，底质中值粒径 $d_{50} = 0.10 \sim 0.20$ mm，即采沙区为沙质岸滩。

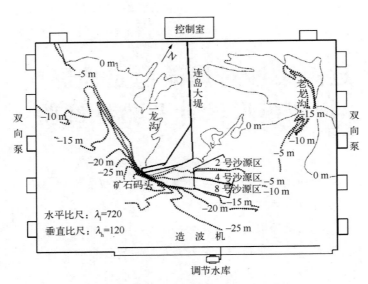

图1　曹妃甸拟选采沙区及物理模型布置

为了研究不同采沙方案实施后对曹妃甸岸滩稳定性影响（侵蚀）程度，在物理模型中应能模拟波浪条件下的泥沙向岸-离岸运动规律。其次还需考虑到曹妃甸滩、槽紧邻的特点，模型中应能复演潮汐水流。模型布置如图1所示。

2　采沙工程物理模型简介

2.1　波浪模型相似要求[7]

波浪是导致沙质岸滩近岸区（特别是破波区）泥沙运动的主要动力因素，根据本课题研究特点，在模型中应保证波浪折射相似、破波形态相似、波浪掀沙、横向输沙相似等要求。

2.1.1　波浪传播运动相似

（1）折射相似：

$$\lambda_L = \lambda_h \tag{1}$$

$$\lambda_C = \lambda_T = \lambda_h^{1/2} \tag{2}$$

（2）破波形态相似[8]：

$$\lambda_H = \lambda_h \left(\frac{\lambda_h}{\lambda_l}\right)^{2/13} \tag{3}$$

（3）波动水质点运动速度相似：

$$\lambda_{U_m} = \frac{\lambda_H}{\lambda_h^{1/2}} \tag{4}$$

2.1.2 波浪条件下泥沙运动相似

（1）破波掀沙相似[7]：

$$\lambda_s = \frac{\lambda_{\rho_s}}{\lambda_{\frac{\rho_s - \rho}{\rho}}} \cdot \frac{\lambda_H}{\lambda_h} \tag{5}$$

（2）碎波区内岸滩剖面冲淤趋势相似，根据 Hattori 和 Kawamata 公式[9]：

$$\frac{H_b}{L_0}\tan\beta / \frac{\omega}{gT} = \text{const}$$

可导得波动条件下泥沙沉降速度比尺：

$$\lambda_\omega = \lambda_u \frac{\lambda_H}{\lambda_l} \tag{6}$$

因本研究着重于近岸区沙质岸滩剖面的稳定性，破波区沙滩剖面的冲淤趋势相似要求尤为重要，应尽量满足波浪条件下泥沙沉降相似要求〔式（6）〕。

（3）波浪条件下泥沙运动方式相似：

根据 Engelund 公式[10]，波动条件下泥沙运动方式与 u_{w*}/ω 比值有关（式中 u_{w*} 为波浪条件下床面摩阻速度），可导得：

$$\lambda_{\frac{\rho_s - \rho}{\rho}} \lambda_d^2 = \lambda_H^{1/2} \cdot \lambda_h^{-3/8} \tag{7}$$

2.1.3 造波机布置方位的确定

根据曹妃甸 1996 年、1997 年和 1999 年实测波浪资料分析并综合考虑各方面因素后，确定模型中造波机方位如图 1 所示，即深水波向角采用 147°。

2.2 潮汐水流、泥沙运动基本比尺关系

在潮汐水流条件下，应满足水力模型基本相似要求，即重力相似、阻力相似和水流运动相似，限于篇幅这些关系式不一一列出。

2.3 模型比尺及模型沙的选择

2.3.1 水平比尺 λ_l

根据场地条件及模型相似要求，经过各方面因素综合考虑，初步考虑模型水平比尺 λ_l 范围为 600～800。

2.3.2 垂直比尺 λ_h

从水流角度考虑，为满足模型与原型流态相似，需要做成变态模型。由张友龄公式可以算得：当 $\lambda_l = 600$ 时，$\lambda_h \leqslant 116$；当 $\lambda_l = 800$ 时，$\lambda_h \leqslant 143$。为满足波浪传播相似，需考虑表面张力相似要求，据研究，模型中波高不小于 2 cm，周期不小于 0.35 s，即可避免表面张力引起的波浪衰减。

首钢二期围海工程计划采沙区附近近岸滩坡度为 1/500～1/250（图 2 和表 1），在实验室条件下进行如此平缓的坡度正态或小变率模型的试验几乎不可能，因为过分平缓的坡度会使波浪迅速衰减，也就无法保证波浪形态相似及破碎位置相似。结合现场波浪条件及以往试验工作的经验，初步确定水平比尺 $\lambda_1 = 720$，垂直比尺 $\lambda_h = 120$，即变率为 6.0。模型布置情况如图 2 所示。

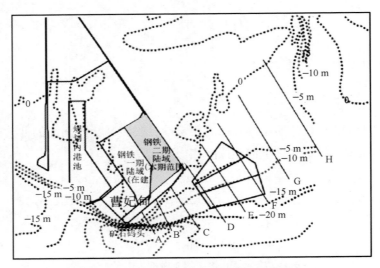

图 2　曹妃甸采沙区及测量断面位置

表 1　采沙区部分断面岸滩平均坡度

断面	A	B	C	D	E	F
平均坡度	1 : 52	1 : 141	1 : 200	1 : 225	1 : 333	1 : 500

2.3.3　波高及波长比尺

由折射相似要求，可得波长比尺 $\lambda_L = 120$，波周期比尺 $\lambda_T = \lambda_C = 10.95$。由碎波形态相似要求可得波高比尺 $\lambda_H = 91$。可先按 $\lambda_H = 100$ 考虑，试验时根据碎波情况和输沙情况再予以调整。波浪变率 $\lambda_L / \lambda_H = 120/100 = 1.2$。

2.3.4　模型沙的选择

考虑到本项目重点研究近岸区，特别是破波区沙滩冲淤变化，根据这一特点和要求，在选择模型沙时需分别考虑以下相似要求：

（1）波浪条件下泥沙沉降相似要求见式（6）；

（2）波浪条件下泥沙运动方式相似见式（7）。

如前所述，主要研究区域位于 +1～−10 m 水深范围；$d_{50} = 0.10～0.20$ mm，按 $d_p = 0.15$ mm 考虑，应用以上相似关系式（6）和式（7）来估算模型沙粒径范围，计算结果见表 2。

表 2　不同容重模型沙计算结果 （$d_p = 0.15$ mm）

ρ_{sm}	式（6）		式（7）	
	λ_d	d_m/mm	λ_d	d_m/mm
1.30	1.52	0.29	0.55	0.27
1.40	1.52	0.25	0.64	0.24
1.50	1.52	0.22	0.71	0.21
2.65	1.52	0.12	1.29	0.12

表中按沉降相似要求 $\lambda_\omega = \lambda_u \lambda_H / \lambda_1$ 式算得 λ_ω，然后应用武汉水利电力学院统一沉速公式计算出不同容重泥沙的对应粒径[11]。

参考以上计算结果和以往波浪动床模型经验，模型中采用颗粒密实容重 $\gamma_s = 1.33$ g/cm^3，中值粒径 $d_{50} = 0.27$ mm 的煤粉作模型沙，其干容重 $\gamma_0 = 0.7$ g/cm^3，沉速 $\omega = 0.86$ cm/s。

2.3.5　含沙浓度比尺 λ_s 和冲淤时间比尺 λ_{t_2}

根据以上选沙结果及有关比尺，可得：

模型沙（煤）含沙量比尺：$\lambda_S = \dfrac{\lambda_{\gamma_S}}{\lambda_{\gamma_{S-\gamma}}} \cdot \dfrac{\lambda_H}{\lambda_h} = 0.347$；冲淤时间比尺：$\lambda_{t_0} = \dfrac{\lambda_{\gamma_0}}{\lambda_s} \lambda_t = 347$。

物理模型主要比尺列于表 3 和表 4。

表 3　泥沙比尺情况

比尺名称	符号	轻质沙（煤）	
密实颗粒容重比尺	λ_{γ_S}	2.0	
淤积物干容重比尺	λ_{γ_0}	2.0	
泥沙沉速比尺	λ_ω	1.52	
含沙浓度比尺	λ_s	0.347（计算值）	
泥沙冲淤时间比尺	λ_{t_2}	347（计算值）	400（实际值）

表 4　主要比尺情况

比尺名称	符号	计算值	实际值
水平比尺	λ_1	—	720
垂直比尺	λ_h	—	120
流速比尺	λ_u	10.1	11.0
时间比尺	λ_t	65.7	65.5
波高比尺	λ_H	91.0	90.0
波长比尺	λ_L	120.0	120.0
波周期比尺	λ_T	10.0	11.0

3 关于模型变率[7]

模型几何变率不等于波浪变率，两者可采用不同的变率。

在模拟宽浅的海域时，整体模型均需按几何变态设计和制作，否则无法进行缩尺模型模拟。而一般沙质岸滩坡度为 1/50～1/15，由于床面坡度较陡，床面阻力损耗与波浪紊动损耗相比是次一级的，因此常采用几何正态模型或变率较小的变态模型。

但曹妃甸采沙区岸滩坡度为 1/500～1/225，如仍然采用小变率模型，将会使试验条件下的模型水深很小，这时床面阻力、表面张力及水体黏滞力作用将使波浪未到达海岸前能量就消耗殆尽。此外，正态模型中时间比尺较大，要求模型中波周期很小，生波机往往无法产生这种小周期波。

图 3 为几何正态模型中波浪自 −15 m 等深线向岸传播时波浪衰减情况，计算初始波高 $H = 1.2$ m，波周期 $T = 5.0$ s，岸滩坡度按 1/300 考虑，可以看出，波浪沿程衰减十分迅速，很难保证破碎相似。图 4 为几何变态模型中波高沿程衰减情况，计算时水平比尺 $\lambda_l = 720$，垂直比尺分别考虑为 720、360、240、120 及 80。可以看出，垂直比尺 $\lambda_h = 120$ 时，基本可以保证近岸区波高衰减不到 10%，而且试验波周期也基本可以满足生波机要求。

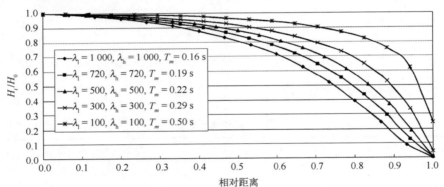

图 3 几何正态模型中波高沿程衰减情况

$H_p = 1.2$ m，$T_p = 5$ s，床面坡度 1:300，初始水深 15 m

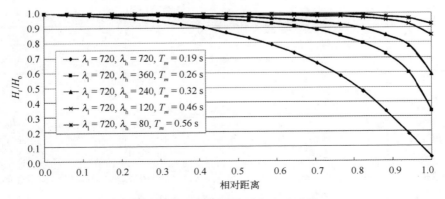

图 4 几何变态模型中波高沿程衰减情况

$H_p = 1.2$ m，$T_p = 5$ s，床面坡度 1:300，初始水深 15 m

要解决上述问题只有两种选择，一是采用小比尺正态模型，要求模型做得很大，以致丧失缩尺模型的基本优点；另一选择就是采用几何变态模型，但波浪为正态或接近正态。这时根据需要满足折射相似（取 $\lambda_L = \lambda_H$）或绕射相似（$\lambda_L = \lambda_1$）。在动床模型情况下，如研究区域不位于波影区，折射相似一般更重要。

4　验证试验

为了掌握在曹妃甸甸头附近岸坡上采沙对岸滩稳定性的影响，需要在整体模型中模拟波动条件下泥沙向岸–离岸运动，在这方面可以借鉴的经验和成果很少，这时选择和进行合适可靠的验证试验尤为重要。经过对曹妃甸现场资料和泥沙运动机理的反复研究，决定在物理模型中进行以下 3 方面的验证试验：

（1）拟选沙源区试挖槽回淤试验与理论结果的比较验证试验研究，确定泥沙冲淤时间比尺；

（2）拟选沙源区平衡剖面特性的验证试验；

（3）拟选沙源区岸坡 2003—2005 年实际冲淤变化验证试验。

4.1　物理模型中试挖槽回淤试验与理论结果的比较验证试验研究

根据刘家驹研究，只要海岸泥沙运动属于悬移质运动，用于淤泥质海岸航道淤积计算式也可用于粉砂质海岸，计算航道破波区淤积问题[12]。

为此，我们在模型中布置试挖槽，测量大浪过程后挖槽的淤积，再与理论公式计算结果进行比较，以检验和修正模型中泥沙冲淤时间比尺。

刘家驹泥沙回淤理论关系式为

$$P = \frac{\omega S t}{\gamma_0}\left\{K_1\left[1-\left(\frac{h_1}{h_2}\right)^3\right]\sin\theta + K_2\left[1-\frac{h_1}{2h_2}\left(1+\frac{h_1}{h_2}\right)\right]\cos\theta\right\}$$

式中：ω 为沉速；t 为淤积历时（s）；K_1、K_2 分别为航道横流和顺流淤积系数（取 $K_1=0.35$，$K_2=0.13$）；h_1、h_2 分别为浅滩平均水深和挖槽开挖水深（m）；θ 为挖槽走向与平均潮流流向的夹角（°）。γ_0 为与粒径有关的表层淤积物的干重度，$\gamma_0=\frac{2}{3}\gamma_s\left(\frac{d}{d_0}\right)^{0.183}$，$d$ 为淤泥质泥沙的代表粒径（mm）；标准粒径 $d_0=1.0$ mm。S 为波浪和潮流共同作用下水体平均含沙量；一般条件下：$S=0.0273\gamma_s\frac{(|V_1|+|V_2|)^2}{gh_1}$；$V_1$ 为浅滩上的潮流平均流速（m/s），V_2 为波动水质点的平均速度 $V_2=0.2(H/h_1)c$，其中 H 为波高，c 为波速；γ_s 为泥沙颗粒重度（kg/m³）；g 为重力加速度（m/s²）；破波情况下的含沙量：$S_b=0.0273\gamma_s\frac{(|V_1|+|V_{2b}|)^2}{gh_b}$，其中 $V_{2b}=\frac{1}{2}(g\gamma_b H_b)^{\frac{1}{2}}$，破波指标 $\gamma_b=\frac{H_b}{h_b}$（H_b 为破波波高，h_b 为破波水深）。

模型中试挖槽横穿 2 号、4 号、8 号沙源区，从 –15 m 到 +1 m 垂直等深线布置，挖槽宽 150 m，深 5 m（图 5）。"大浪"作用两天后的理论关系式计算回淤厚度，与模型试验泥沙回淤厚度的比较结果如图 6 所示，可以看出，在破波区范围试验结果与计算结果相当一致；深水区计算值明显偏小。分析认为，深水区计算值偏小的原因是在沙质床面条件下，深水区挖槽中有一定的底沙回淤量，而理论关系式仅考虑悬沙回淤。

图 5　试挖槽布置情况

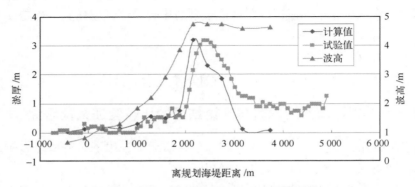

图 6　大浪作用后试挖槽泥沙回淤分布与理论计算值比较

以上试验表明，模型可以较好地模拟现场波浪作用下泥沙运动，最后确定以煤粉为模型沙的泥沙冲淤时间比尺为 $\lambda_{t2} = 400$。

4.2　拟选沙源区剖面特征的验证试验

由 Hattori 和 Kawamata 判数[9]，即：

$$\frac{(H_0/L_0) \cdot \tan\beta}{\omega/gT} < 0.5 \qquad （淤积型剖面，向岸输沙为主）$$

$$0.3 < \frac{(H_0/L_0) \cdot \tan\beta}{\omega/gT} < 0.7 \qquad （过渡型剖面，冲淤幅度均较小）$$

$$\frac{(H_0/L_0) \cdot \tan\beta}{\omega/gT} > 0.5 \qquad （侵蚀型剖面，离岸输沙为主）$$

根据拟选沙源区各处岸滩地形特点岸滩坡度（$\tan\beta$）和泥沙条件（ω），代入 Hattori 和 Kawamata 判数关系式，可以算得拟选沙源区对应于不同剖面形态的"特征波高（H_0）"，并将之换算为模型试验波要素。并在物理模型中按照这些波要素进行试验，检验和验证沙源区岸滩剖面特征是否符合上述规律，以便从另一个角度证明模型的合理性。

将拟选沙源区岸滩参数，代入 Hattori 和 Kawamata 判别式，可得沙源区西（D）、中（E）、东（F）3 个断面处对应于典型剖面的特征波高，并列于表 5。

表 5　沙源区各断面处剖面特征波高

断面位置	岸滩坡度 $\tan\beta$		淤积型剖面特征波高		过渡型剖面特征波高		侵蚀型剖面特征波高	
	原型	模型	原型/m	模型/cm	原型/m	模型/cm	原型/m	模型/cm
D（1号）	1/225	1/38	0.5	0.6	0.9	1.0	1.2	1.4
E（3号）	1/333	1/56	1.2	1.3	2.0	2.2	2.7	3.1
F（4号）	1/500	1/83	2.7	3.0	4.4	4.9	6.2	6.9

由表 5 可以看出，位于沙源区西侧的 1 号（D）断面处，当波高大于 1.2 m（模型中为 1.4 cm），即可能发生侵蚀。从泥沙起动条件来看，物理模型中波高小于 1.4 cm 后，深水区泥沙即不能起动，为此，更小的波浪即没有实际意义。

位于沙源区中间的 3 号（E）断面处，当深水波高为 2.0 m 时，将呈现"过渡型"剖面特征；当深水波高大于 2.7 m 时，将呈现"侵蚀型"剖面特征。

而位于沙源区东侧的 4 号（F）断面处，当深水波高小于 2.7 m 时，将呈"淤积型"剖面特征；当深水波高为 4.3 m，呈"过渡型"剖面特征；当深水波高大于 6.2 m 时，才呈现"侵蚀型"剖面特征。

在模型中分别进行了深水波高 1.2 m、2.2 m 和 4.3 m 的波浪泥沙动床试验。

在深水波高 1.2 m 的小浪条件下，1 号（D）断面近岸区依然发生侵蚀，符合"侵蚀型"岸滩剖面特征；3 号（E）断面近岸区发生淤积，也完全符合"淤积型"剖面特征；4 号（F）断面床面坡度平缓，小浪在向岸行进过程中沿程减弱，对近岸区泥沙的作用已十分微弱，床面已看不出明显变化。

图 7 为深水波高 2.2 m 的中浪条件下岸滩冲淤趋势。可以看出，此时 1 号（D）断面近岸区发生较强侵蚀，为典型"侵蚀型"剖面；3 号（E）断面近岸区有淤有冲，基本属于"微淤型"（Ⅲ-1 型）剖面特征；在波高 2.2 m 波浪条件下，4 号（F）断面呈现为典型的"淤积型"剖面特征。

深水波高 4.3 m 的大浪条件下，此时 1 号（D）断面近岸 2 500 m 范围均发生较强侵蚀，为"侵蚀型"剖面；3 号（E）断面上在−6 m 水深处形成较大"沙坝（Bar）"，为典型的"Bar 型剖面"，即"侵蚀型"剖面；最后，4 号（F）断面近岸区有淤有冲，基本呈"过渡型"剖面特征。

以上验证试验成果分析表明，本波浪泥沙动床模型，较好地符合岸滩特征剖面理论，可以保证不同波浪条件下，岸滩冲淤趋势的可靠性和合理性。

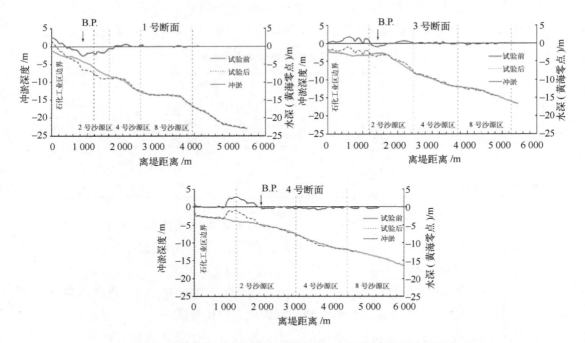

图 7　深水波高 2.2 m 条件下沙源区 3 个主要断面处冲淤趋势

4.3　拟选沙源区岸坡 2003—2005 年地形实际冲淤变化验证试验

对已有地形测图整理比较后发现，2003 年 5 月和 2005 年 7 月测图《沙源调查水深》有部分范围重叠，为动床模型验证提供了难得的拟选沙源区近期实测地形变化资料。

两次测图的间隔时间约 2 年，由于缺乏 2003—2005 年曹妃甸海域波浪资料，我们根据 1996 年、1997 年和 1999 年曹妃甸波浪资料统计出工程海域海向来浪年内分布情况。具体试验波浪要素见表 6。现场 0.6 m 以下的波浪对泥沙运动作用很小，模型中 0.4 cm 的波浪对模型沙运动作用也很小，而且波高 0.4 cm 的波浪在模型试验中也很难实现，为此只考虑现场波高 0.6 m 以上波浪作用。

表 6　模型试验波要素

现场 $H_{1/10}$ 波高分级/m	0~0.6	0.6~1.8	>1.8
现场平均波高/m	0.37	1.04	2.58
现场作用天数/d	171.6	120.8	9.6
模型波高/cm	0.4	1.1	2.8
模型试验时间/h	10.3	7.2	0.6

由于两次测图范围的局限性，模型中只能验证 3 条断面（图 8），验证部分结果如

图9所示。模型冲淤趋势和量级与现场实测资料基本一致，个别区域冲淤差别稍大，总体上，验证结果良好。

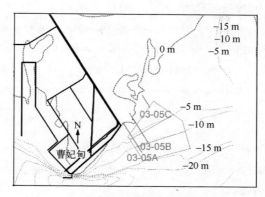

图8　水深对比断面

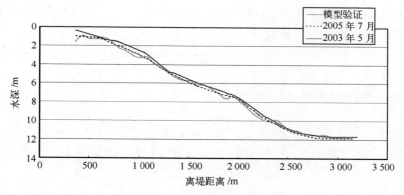

图9　03-05A断面地形验证结果

5　结语

　　本文基于潮流、波浪和波浪泥沙运动相似理论基础，对曹妃甸现场资料深入分析，对当地泥沙运动机理反复研究，结合在此领域的实践经验，进行了曹妃甸采沙物理模型设计和模型沙的选择。

　　在整体物理模型中，研究复杂地形条件岸坡在波浪动力作用下的向岸-离岸泥沙运动规律是个全新的课题，本研究通过多种途径对模型的合理可靠性进行验证试验，特别是运用二维沙滩剖面特性的研究成果于三维海滩条件，进行了开拓性的探索研究。

　　验证试验不仅为模型泥沙试验提供合理可靠的泥沙冲淤时间比尺，同时为今后模型方案试验成果的合理和正确性提供了保证。

参考文献

［1］苏东，王桂全．我国海沙资源开发现状与管理对策［J］.海洋开发与管理，2010，4（1）：64-67.

［2］Emre N Otay，Paul A Work，Osman S Börekçi. Effects of Marine Sand Exploitaition on Coastal Erosion and Development of Rational Sand Production Criteria. Available online：http：//www.marinet.org.uk/wp-content/uploads/marinesand.pdf(accessed on 12 February 2020).

［3］Kim C S，Lim H S. Sediment dispersal and deposition due to sand mining in the coastal waters of Korea Continental Shelf Research：A Companion Journal to Deep-Sea Research and Progress in Oceanography；0278-4343；2009，29（1）：194-204.

［4］徐啸．二维沙质海滩的类型和冲淤判数［J］.海洋工程，1988（4）.

［5］首钢京唐钢铁联合有限责任公司围海造地二期工程取砂对滩槽稳定性影响物理模型试验研究［R］.南京水利科学研究院，2006.

［6］徐啸，佘小建，崔峥．近岸取砂对岸滩稳定性影响-波浪动床物理模型试验［J］.水道港口，2018（4）.

［7］徐啸．波流共同作用下浑水动床整体模型的比尺设计及模型沙选择［J］.泥沙研究，1998（2）.

［8］Battjes J A. Surf Similarity［C］. Proc. 14th C. E. C.，1974.

［9］Hattori M，Kawamata R. Onshore-offshore trandport and beach profile changes［C］. Proc. 17th C. E. C.，1980.

［10］Engelund F. Turbulent energy and suspended load［R］. Coastal Eng. Lab.，Tech. Univ. of Denmark，1965.

［11］武汉水利电力学院．河流泥沙工程学（下册）［M］. 北京：水利出版社，1982.

［12］刘家驹．波浪作用下泥沙运动研究［C］//全国泥沙基本理论研究学术讨论会论文集. 北京：人民交通出版社，1992.

（原文刊于《海洋工程》，2017 年第 5 期，
原文题名：《曹妃甸二期围海造地工程取沙物理模型设计及验证》）

近海采沙对岸滩稳定性影响试验研究（1）
——定床试验

摘　要：为满足海滩养护及海岸工程对沙源的需求，希望能在曹妃甸近海滩涂采沙，根据国家环保部门有关规定，需对曹妃甸岸滩冲淤影响进行评估。为此我们采用波浪动床物理模型试验，研究各采沙方案实施后对近岸波场和岸滩冲淤形态的影响，利用岸滩冲淤类型的判数已有成果，对岸滩稳定性进行定性的判断。本文主要介绍定床试验成果部分，包括对曹妃甸现场波浪条件的分析以及采沙方案实施后近岸波场变化情况，为动床波浪泥沙试验提供依据。

关键词：曹妃甸；近海采沙；岸滩稳定性；定床模型试验

为回答曹妃甸甸头东侧滩涂选择采沙区对曹妃甸岸滩稳定性的影响，决定采用波浪动床物理模型试验，研究各采沙方案实施后的向岸-离岸泥沙运动特点，利用岸滩冲淤类型的判数有关成果，评估采沙对岸滩稳定性的影响程度。本研究包含3个基本内容：物理模型的设计和验证试验[1]；定床试验部分，用以确定采沙方案实施后对近岸波场的影响，为动床波浪泥沙试验奠定基础；动床模型试验[2]。本文即第二部分内容。

1　拟选沙源区概况及地形特点[3]

首钢曹妃甸围海造地二期工程拟选沙源区基本位于曹妃甸东侧浅海区（图1）。

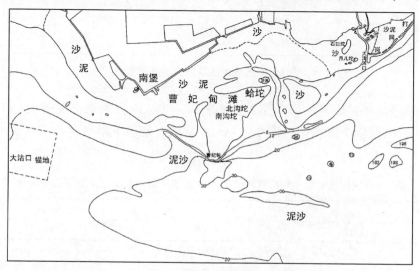

图1　曹妃甸地形

其中 8 号沙源区位于−10~−15 m，4 号沙源区位于−10~−5 m，2 号沙源区位于近岸区，水深范围为−5~−2.0 m，沙源区情况见表 1 及图 2 所示。

表 1　拟选沙源区情况一览

沙源区位置	沙源区面积/km²	原床面平均标高（理论基面）/m	采沙深度（自然床面起算）/m	采沙底标高（理论基面）/m	采沙量/×10⁴ m³
2 号	4.92	−2.8	5.3	−8	2 584
4 号	6.15	−7.9	5.1	−13	3 139
8 号	6.68	−11.5	5.6	−17	3 706
合计	17.75	—	—	—	9 430

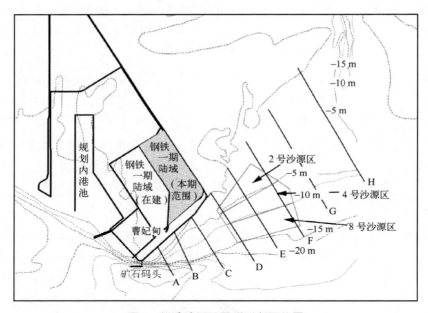

图 2　拟选沙源区及附近断面位置

在拟选采沙区范围及附近共布置 8 条横断面，其范围自规划围堤线至−15 m 等深线处，其中 D~F 剖面位于沙源区（图 2）。A~F 各剖面处水下岸坡平均坡度见表 2 和图 3 所示。

表 2　首钢造地二期工程拟选沙源区及附近各断面−15 m 以上水下边坡坡度

断面	A	B	C	D	E	F
坡度	1/52	1/141	1/245	1/225	1/333	1/500

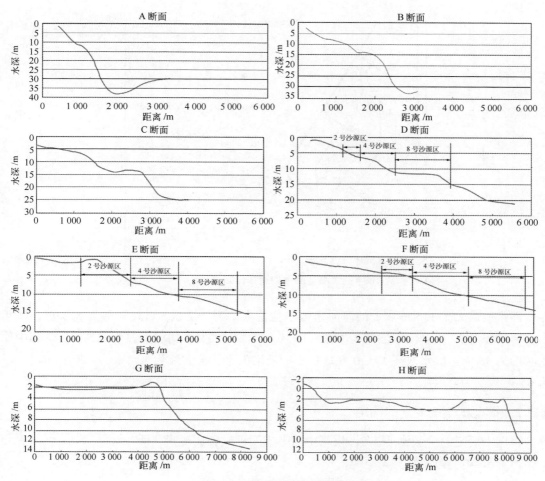

图3　拟选沙源区地形横剖面

2　拟选沙源区动力场特点

2.1　潮流场特点

根据曹妃甸现场水文测验资料和物理模型潮汐水流试验成果分析，绘制了拟选沙源区现状条件下大潮全潮平均流速分布图（图4），可以看出，拟选沙源区大潮涨潮平均流速为0.40~0.50 m/s，落潮平均流速为0.30~0.35 m/s，涨潮流速大于落潮流速；全潮平均流速为0.35~0.40 m/s。

2.2　拟选沙源区波场特点分析

2.2.1　现场波浪资料分析

根据曹妃甸1996—1997年及1999年现场波浪实测资料统计分析可知，曹妃甸海域一

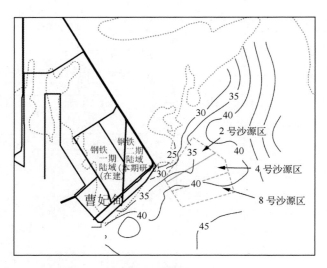

图4 大潮全潮平均流速分布（cm/s）

年中深水波高大于 1.5 m 以上的海向来浪平均值大致为 2.2 m，出现频率为 5.54%，一年中作用时段为 22 天；深水波高大于 0.9 m 以上的海向来浪平均值大致为 1.5 m，一年中作用时段为 33 天；深水波高大于 0.6 m 以上的波浪的平均值大致为 1.2 m，一年中作用时段为 65 天。

2.2.2 模型试验波要素的确定

根据本研究的"技术要求"，模型中需考虑两种试验波要素，即：

（1）50 年一遇大浪。

曹妃甸南向和东南向 50 年一遇大浪波高约为 4.3 m。

（2）正常气象条件下的波浪。

在确定正常气象条件下的波要素时，应考虑以下要求：

①拟选沙源区（即 2 号、4 号、8 号沙源区）范围泥沙的起动要求；

②具有波浪统计意义，以便根据时间比尺确定模型中波浪作用时间；

③如可能，设法赋予与特征剖面有关的物理意义，以利于进行岸滩冲淤趋势的分析研究。

本课题主要研究采沙坑附近-10 m 以上岸坡的泥沙运动，同时适当考虑-15～-10 m 范围泥沙的运动。根据 Komar-Miller 波浪条件下泥沙起动公式[4]，可计算模型中不同水深处模型沙的起动波高，计算结果见表 3。

由表 3 可知，如需 8 号沙源区模型沙（煤粉）起动，模型波高需大于 1.4 cm，换算为原型波高 1.3 m 左右。以上分析为模型的验证试验和方案试验的波要素提供理论基础和实测资料依据。现将分析确定的模型试验波要素及其物理意义列于表 4。

表3　沙源区中间断面不同水深处轻质沙（煤粉）的起动波高

沙源区	模型平均水深/cm	模型沙粒径/mm	$T=0.6$ s
			模型起动波高/cm
2号	3.8	0.27	0.4
4号	8.0	0.27	0.8
8号	11.0	0.27	1.4

表4　试验波要素的物理意义

试验波高 H		沙源区中间断面（如图6所示断面）剖面特征	试验波浪统计意义	模型试验工况	现场作用时段/d	模型作用时间
现场/m	模型/cm					
4.3	4.8	"侵蚀型"剖面	50年一遇大浪	恶劣气象大浪条件或简称"大浪"条件	1	4 min
2.2	2.6	"过渡型"剖面，冲淤幅度不大	一年中深水波高大于1.5 m以上海向来浪平均值	正常气象较大浪条件或简称"中浪"条件	22	1 h 20 min
1.2	1.3	"淤积型"剖面，以向岸输沙为主	一年中深水波高大于0.6 m以上海向来浪平均值	正常气象较小浪条件或简称"小浪"条件	65	4 h

2.2.3　物理模型主要比尺情况

在文献［1］中进行了曹妃甸采沙物理模型的比尺设计和模型沙选择。图5为物理模型布置情况；模型主要比尺列于表5和表6。

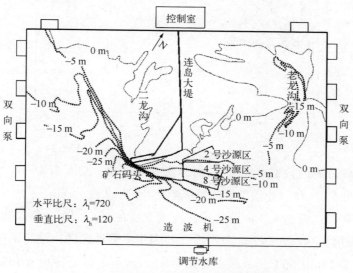

图5　曹妃甸拟选采沙区及物理模型布置

表5 主要比尺情况

比尺名称	符号	计算值	实际值
水平比尺	λ_1	—	720
垂直比尺	λ_h	—	120
流速比尺	λ_u	10.954	11.0
时间比尺	λ_t	65.72	65.454
波高比尺	λ_H	91	90
波长比尺	λ_L	120	120
波周期比尺	λ_T	10.954	11.0

表6 泥沙比尺情况

比尺名称	符号	轻质沙（煤）	
密实颗粒容重比尺	λ_{γ_S}	2.0	
淤积物干容重比尺	$\lambda_{\gamma 0}$	2.0	
泥沙沉速比尺	λ_ω	1.52	
含沙浓度比尺	λ_s	0.347（计算值）	
泥沙冲淤时间比尺	λ_{t2}	347（计算值）	400（实际值）

2.2.4 定床波浪模型试验结果（测波点1、2、3和4位置如图6所示）

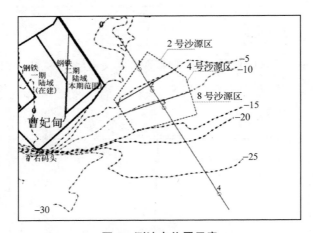

图6 测波点位置示意

在物理模型中分别进行了"大浪"（深水波高4.3 m，波周期7 s）、"中浪"（深水波高2.2 m，波周期6 s）和"小浪"（深水波高1.2 m）试验。

试验表明，在深水波高4.3 m情况下，波浪主要在−5～−10 m等深线范围内发生破碎（相当于4号沙源区），在−5～−2 m范围内（相当于2号沙源区）波高迅速衰减。

在深水波高2.2 m情况下，波浪主要在−2～−5 m等深线范围内（相当于2号沙源区）发生波浪破碎，在−2～0 m范围内波高迅速衰减。

在深水波高 1.2 m 的小浪条件下波浪衰减相对比较缓慢，基本到 0 m 等深线以里，波高才发生明显衰减。

试验表明，2 号和 4 号拟选沙源区基本位于波浪紊动比较剧烈的区域，这里也是泥沙活动活跃区域。水深较大的 8 号沙源区，即使在波高 4.3 m 的大浪条件下，波浪向岸行进时，变形也不大。图 7 为自深水区向岸不同水深处波浪剖面形态，地形对波浪形态的影响十分明显。且不管波高大小，波浪自深水区向岸行进时，由于浅滩床面摩阻消能作用，到 0 m 等深线附近，波浪都相当微弱。

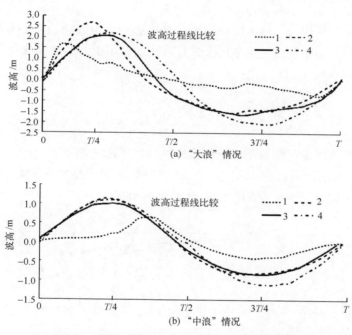

图 7　拟选沙源区各处"大浪"和"中浪"波浪剖面形态

图中 1、2、3、4 测波点位置如图 6 所示

2.3　拟选采沙区海域波、流场的相对强度分析

根据图 4 和图 7 所列资料，分别计算了各沙源区潮流条件下（大潮）的特征摩阻流速和波浪条件下的特征摩阻流速，并列于表 7。

表 7　拟选沙源区波、流特征强度分析

沙源区	平均水深 /m	大潮全潮平均流速及摩阻流速		波浪摩阻流速 u_{w*} / (cm·s^{-1})		
		U/(m·s^{-1})	u_*/(cm·s^{-1})	大浪 (4.3 m)	中浪 (2.2 m)	小浪 (1.2 m)
2 号	4.5	0.35	1.27	4.63	3.36	2.74
4 号	9.6	0.40	1.29	4.19	2.44	1.77
8 号	13.2	0.40	1.23	3.42	2.23	1.36

根据曹妃甸底质条件可知，曹妃甸海域泥沙起动临界摩阻流速一般需大于 1.5 cm/s；所以在潮流条件下床面泥沙一般很难起动，相对而言，波浪对床面的作用明显大于潮流。根据表 7 所列数据，可以算出在"小浪"（深水波高 1.2 m）条件下，波浪作用于床面的能量为潮流的 1.2~4.6 倍；"中浪"（深水波高 2.2 m）条件下，为 3.3~7.0 倍；"大浪"（深水波高 4.3 m）条件下，为 7.7~11.8 倍。以上分析表明，影响拟选沙源区床面泥沙冲淤运动的主要动力条件是波浪作用。

2.4 采沙对波场影响的初步分析

沙源区采沙使水深加大，床面摩阻减小，必将影响波浪传播变形，假设波浪正向行进岸滩，根据海岸动力学原理，可近似用下式计算床面摩阻引起的波高变化[5,6]：

$$\frac{H}{H_1} = \exp\left(-\alpha \cdot \frac{\Delta x}{L}\right)$$

式中：

$$\alpha = \frac{4\pi^{3/2}(\nu T)^{1/2}}{L \cdot \left[\sinh(2kh) + 2kh\right]}$$

我们以拟选沙源区中间位置岸坡条件代表沙源区岸滩边坡条件（相当于图 6 中测波断面位置），可以算出不同采沙方案实施后，模型中采沙区波高衰减变化情况如图 8 所示。计算条件为：深水波高 4.3 m，周期 7 s，计算起始水深 17 m。

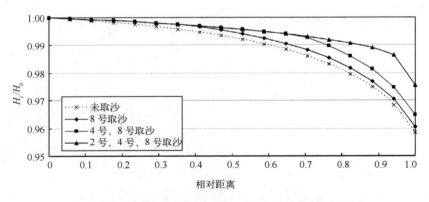

图 8 各采沙方案条件下波高沿程衰减（不考虑波浪破碎）

由图 8 可见，随着采沙区范围的向岸扩展，水深增加，床面摩阻减少，使近岸区的波高逐渐增大。在计算时，进行了概化处理，按均匀坡度考虑，与拟选沙源区中间范围的岸滩平均坡度大致一致，同时忽略了波浪浅水变形和波浪破碎等影响，这些可能对具体量值有一定影响，但不会影响到不同方案条件下的波高变化趋势。

水深变化对波高沿程衰减的影响计算表明，采沙将使近岸区波高加大，对岸滩的作用必然也加强。

3 采沙对波场影响——物理模型波浪定床试验结果

考虑到动床模型的不稳定性，模型中进行了不同采沙方案条件下，"大浪"和"中浪"在定床上波高传播变形观测试验。波高观测断面如图 6 所示，现给出大浪试验结果如图 9 所示，与图 8 分析结果在定性上基本一致。

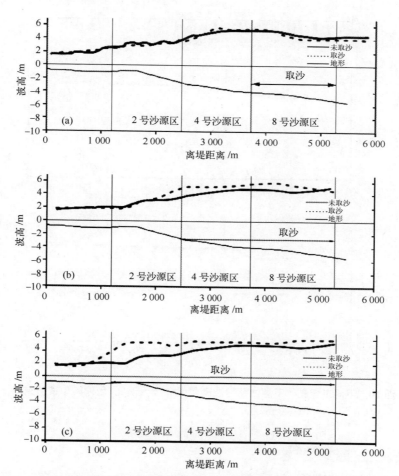

图 9 不同工况条件下测波断面波高变化（"大浪"，物理模型试验结果）

（a）8 号沙源区；（b）4~8 号沙源区；（c）2~8 号沙源区

虽然相似理论证明，几何变态模型可以满足波浪传播过程的浅水变形相似、折射相似和破碎相似，但目前仍然无法进行严格的验证和检验，试验成果基本上还是定性的，但可用来分析和解释泥沙试验结果的动力学机理。

为了克服上述困难，我们同时还专门进行了波浪近岸传播变形的数值模拟，以便与物理模型成果进行相互补充和比较。现将同样工况条件下的数学模型计算成果绘制为图 10，可以看出，两种成果在定性上相当吻合。

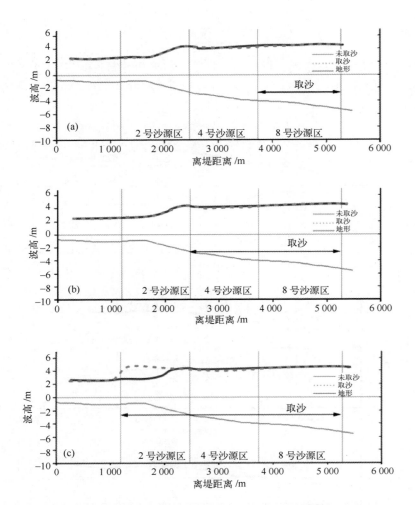

图 10　不同工况条件下测波断面波高变化（"大浪"，数学模型试验结果）

（a）8 号沙源区；（b）4~8 号沙源区；（c）2~8 号沙源区

4　结语

（1）在对曹妃甸现场资料充分分析的基础上，在物理模型中首先进行了定床潮流和波浪试验，试验结果表明，拟选沙源区附近近岸岸坡海域以波浪动力为主。

（2）波浪定床试验和数值计算均表明，8 号沙源区采沙对波场分布影响较小；2 号沙源区采沙方案实施后，近岸区波场发生较大变化，近岸波浪的增强将对岸滩造成侵蚀；4 号沙源区采沙也会对其附近岸侧岸滩波浪有一定的影响。

参考文献

［1］ 徐啸，毛宁，张磊．曹妃甸二期围海造地工程取沙物理模型设计及验证［J］．海洋工程，2017（5）．

［2］ 徐啸，佘小建，崔峥．近岸取沙对岸滩稳定性影响——波浪动床物理模型试验［J］．水道港口，2018（4）．

［3］ 首钢京唐钢铁联合有限责任公司围海造地二期工程采沙对流场及滩槽稳定性影响物理模型试验研究［R］．南京水利科学研究院，2006．

［4］ Komar P D，Miller M C. Sediment Threshold Under Oscillatory Waves ［C］. Proc. 14th C. E. C.，1974.

［5］ Sharp J J，et al. A review of scale effects in harbor wave model ［J］. The Dock & Harbour Authority，1984，No. 757.

［6］ 赵今声，赵子丹，秦崇仁，等．海岸河口动力学［M］．北京：海洋出版社，1993．

近海采沙对岸滩稳定性影响试验研究（2）——波浪动床试验

摘　要： 为满足曹妃甸基本建设对沙源的需求，希望在近海滩涂采沙，为此需回答采沙后对曹妃甸岸滩稳定性的影响。本研究通过波浪动床试验，研究曹妃甸东侧滩涂各采沙方案实施后泥沙向岸-离岸运动特点、利用岸滩冲淤类型的判数有关成果，评估采沙对岸滩稳定性的影响程度。

关键词： 曹妃甸；近海采沙；岸滩稳定；波浪动床试验

为回答曹妃甸甸头东侧滩涂布置采沙区对曹妃甸岸滩的稳定性影响，决定采用动床物理模型试验，研究各采沙方案实施后的向岸-离岸泥沙运动特点，利用岸滩冲淤类型的判数有关成果，评估采沙对岸滩稳定性的影响程度。本研究包含 3 个基本内容：物理模型的设计和验证试验[1]；定床试验部分，用以确定采沙方案实施后对近岸波场的影响，为动床波浪泥沙试验奠定基础[2]；动床模型试验。本文为第三部分内容。

1　波浪动床泥沙试验技术路线

1.1　基本思路：主要研究向岸-离岸（横向）输沙规律

在一个相对稳定的岸滩海域，如果没有人工建筑物阻挡沿岸输沙，岸滩在较大波浪作用下短期的侵蚀问题一般主要与近岸区泥沙的向岸-离岸运动密切相关。如采沙区布置在破波区附近，采沙区将起"集沙坑"作用，沿岸输沙将有利于采沙区的淤积和恢复，对维持当地岸滩的稳定性是有利的因素，暂不考虑沿岸输沙作用更为合理。

1.2　主要指标：向岸-离岸输沙净输沙量[3]

岸滩的稳定性取决于岸滩受侵蚀的程度，而可以定量描述岸滩受侵蚀的指标主要有：

（1）岸线（或水边线）向岸方向后退的速率；

（2）岸滩剖面上向岸-离岸输沙量的相对大小和分布特点。

根据输沙连续方程：

$$\frac{\partial z}{\partial t} = \frac{1}{1-n}\frac{\partial q}{\partial x}$$

$$(1)$$

式中：x 为离岸方向坐标，在时段 Δt 内剖面上任一点向岸–离岸方向平均净输沙率增量 $\Delta \bar{q}$ 为

$$\frac{\Delta \bar{q}}{1 - n} = \frac{\Delta z}{\Delta t} \mathrm{d}x \tag{2}$$

式中：n 为孔隙率。在 Δt 内 x 处净平均输沙率为

$$q = \frac{\bar{q}}{1 - n} = \frac{1}{\Delta t} \int_{x_0}^{x} \Delta z \approx \sum_{x_0}^{x} \frac{\Delta z \Delta x}{\Delta t} \tag{3}$$

x_0 为海岸横剖面上泥沙发生输移的极限位置。于是在 Δt 内通过剖面上 x 点处净输沙量为

$$\Delta Q = q \Delta t = \sum_{t_0}^{t} \Delta z \Delta x \left. \right|_{t_0}^{t_0 + \Delta t} \tag{4}$$

波浪作用 t 时后，通过 x 点的净输沙总量为

$$Q = \sum_{t_0 = 0}^{t} \Delta Q = \sum_{t_0}^{t} \Delta z \Delta x \left. \right|_{t_0 = 0}^{t} \tag{5}$$

只要掌握任一时刻剖面地形，与初始剖面进行比较，即可计算出某时段内岸滩剖面上任一点处泥沙净输运量的大小和方向。剖面上净输沙量分布规律与岸滩冲淤类型有内在的联系，特别是最大净输运量 Q_m 的位置是研究岸滩横向输沙运动和冲淤规律的一个重要特征量。

1.3 沙质岸滩剖面类型[4]

依据实验室观测资料，并对比前人所进行的工作，仍以岸线（水边线）的冲淤变化和近岸带泥沙输运特点为主要指标，将岸滩分为以下几类：

侵蚀型或用字母表示：　　　　Ⅰ 型
过渡型：　　　　　　　　　　Ⅱ–1 型及 Ⅱ–2 型
淤积型：　　　　　　　　　　Ⅲ–1 型及 Ⅲ 型

为方便起见，应用图 1 表示这几种类型剖面定义及特点。关于侵蚀型和淤积型，定义较清楚；但过渡型输沙情况较复杂，下面作一简要介绍：

（1）过渡型海滩剖面与动力环境处于相对协调的状态，这时净输沙量较小；

（2）过渡型岸滩的岸线也处于相对稳定状态，表现为对动力条件的变化甚为敏感，岸线时淤时冲，时进时退，但净输沙量很少，Q_m 数也较小；

（3）当泥沙颗粒较细时，一般多呈 Ⅱ–1 型；泥沙颗粒较粗时多为 Ⅱ–2 型岸滩形态。

1.4 沙质岸滩剖面类型的判数

本文采用 Hattori 和 Kawamata 判数[5]既可用于现场也可用于实验室条件：

$$\frac{(H_0 / L_0) \cdot \tan\beta}{\omega / gT} < 0.5 \quad （淤积型剖面，向岸输沙为主）$$

$$0.3 < \frac{(H_0 / L_0) \cdot \tan\beta}{\omega / gT} < 0.7 \quad （过渡型剖面，冲淤幅度均较小）$$

$$\frac{(H_0 / L_0) \cdot \tan\beta}{\omega / gT} > 0.5 \quad （侵蚀型剖面，离岸输沙为主）$$

类型	I	II-1	II-2	III-1	III
岸线变化	不断后退（x_0–t 曲线） 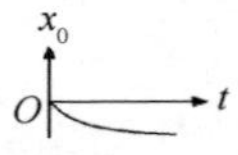	岸线基本保持平衡，变化小（x_0–t 曲线） 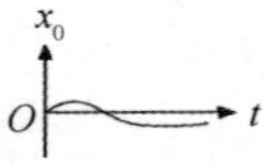	（同左）（x_0–t 曲线） 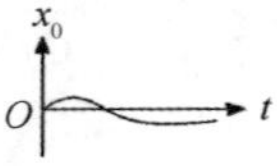	不断淤进（x_s–t 曲线） 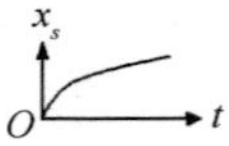	不断淤进（x_s–t 曲线） 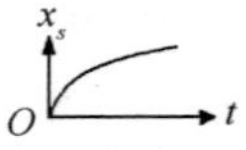
泥沙运动特点	岸线附近发生侵蚀，浅水区淤积（B.P. 剖面图） 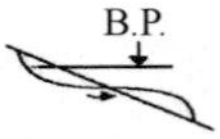	浅水区发生侵蚀泥沙离岸运动（B.P. 剖面图） 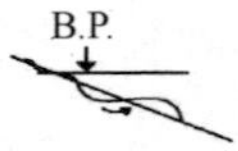	浅水区发生侵蚀泥沙向岸运动（B.P. 剖面图） 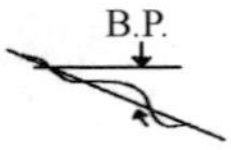	浅水区发生侵蚀泥沙一部分向岸运动一部分离岸运动（B.P. 剖面图） 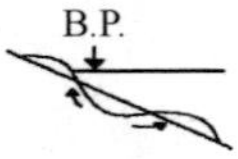	浅水区发生侵蚀泥沙向岸运动（B.P. 剖面图） 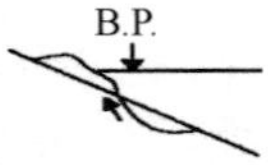
Q–X 图	 （Q_m 曲线图）	 （Q_m 曲线图）	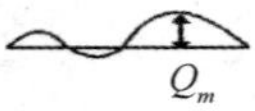 （Q_m 曲线图）	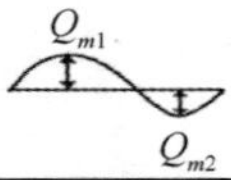 （Q_{m1}、Q_{m2} 曲线图）	 （Q_m 曲线图）
特点	单值(负值)	多值	多值	多值	单值(正值)
Q_m 位置	碎波点内	远离碎波点	碎波点附近	Q_{m1}在碎波点附近 Q_{m2}在碎波点外	碎波点附近
碎波点变化趋向	向海	向岸	向海	向岸	向岸

图 1　各类岸滩剖面特点

1.5　拟选沙源区岸滩剖面类型及对应特征波要素

拟选沙源区范围内自西向东岸滩坡度从 1/225 减缓为 1/500，说明它们的岸滩剖面形态有较大差别；这反映了沙源区复杂的动力机制和泥沙运动特征。即同样的波浪条件在东侧可能导致淤积而在西侧则发生侵蚀[1]。为了研究采沙对岸滩稳定性的影响，需在整体模型中研究波浪作用下的向岸–离岸二维泥沙运动问题，为此须进行必要的概化处理，即选择代表性较好的岸滩剖面作为拟选沙源区的"特征剖面"，并在此基础上设法确定对应的特征波要素。

在文献［1］和文献［2］中，我们已通过验证试验证明本波浪泥沙动床模型可以较好地符合岸滩特征剖面理论。

1.6　评价采沙方案对岸滩稳定性影响的基本原则

我们将未采沙条件下波浪泥沙试验作为采沙工程实施前的比照对象，然后进行同样波况条件下不同采沙工程方案实施后的波浪泥沙试验，分析采沙方案实施后对岸滩冲淤造成的影响，设法从定性上判断对岸滩稳定性的影响，因为对复杂的波浪泥沙问题而言，正确的定性理解比定量掌握更为重要。

通过对试验资料的整理和综合分析，初步考虑，评价采沙方案对附近岸滩稳定性影响的指标以及是否可取的原则有以下几种：

（1）不要因实施采沙而改变岸滩剖面冲淤类型，特别是不要将"淤积型"或"过渡型"岸滩因采沙而转换成"侵蚀型"岸滩；

（2）最大侵蚀的位置应尽量远离岸线（围堤轴线），以免影响近岸围堤的稳定性；

（3）发生最大侵蚀的位置也应尽量远离"采沙坑"，以避免发生岸坡崩塌现象；

（4）采沙引起的岸滩侵蚀幅度，与未采沙相比，冲刷深度和冲刷范围均不得有明显的增加。

2　波浪动床泥沙试验成果分析

2.1　试验波要素（表1）

根据研究要求需考虑两种试验波要素，即50年一遇大浪和正常气象条件下的波浪。此外考虑到采沙区模型沙（煤粉）起动要求，模型波高需大于1.3 cm，换算为原型波高为1.2 m左右。现将分析确定的模型试验波要素及其物理意义列于表1。

表1　试验波要素的物理意义

试验波高 H 现场/m	模型/cm	沙源区中间断面剖面特征	试验波浪统计意义	模型试验工况	现场作用时段/d	模型作用时间
4.3	4.8	"侵蚀型"剖面	50年一遇大浪	恶劣气象大浪条件或简称"大浪"条件	1	4 min
2.2	2.6	"过渡型"剖面，冲淤幅度不大	一年中深水波高大于1.5 m的海向来浪平均值	正常气象较大浪条件或简称"中"条件	22	1 h 20 min
1.2	1.3	"淤积型"剖面，以向岸输沙为主	一年中深水波高大于0.6 m的海向来浪平均值	正常气象较小浪条件或简称"小浪"条件	65	4 h

2.2　试验方案、组次（表2）

根据研究目的和要求，模型中波浪泥沙动床试验组次和条件见表2。其中边界条件"围海"表示石化工业区围海工程建成，"现状"即围海工程未建；如未加说明，采沙深度均为5 m；而"优化方案"系在基本方案试验结果的基础上提出的方案。图2为沙源区地形观测断面位置。

表2　动床试验组次和条件[1]

方案	采沙工况		边界条件	试验波况	水位
天然条件	未采沙		现状 围海	大 中 小	平均潮位
基本方案	8号沙源区		现状 围海	中 大	平均潮位
	4号+8号沙源区	4号沙源区	现状 围海	中 大	平均潮位
	2号+4号+8号沙源区	2号沙源区	现状 围海	中 大 小	平均潮位

续表

方案	采沙工况	边界条件	试验波况	水位
优化方案		现状 围海	中 大	高潮位、平均潮位、低潮位

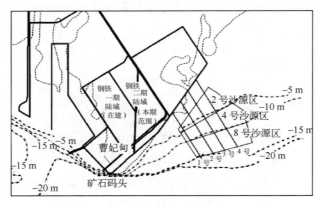

图 2 沙源区地形观测断面位置

2.3 未采沙时沙源区岸滩冲淤特点

在物理模型中，首先进行了未采沙时、各种波况条件下拟选沙源区岸滩剖面冲淤特点试验。

由试验结果，可归纳出不同波况条件下岸滩剖面冲淤变化的几个特点。

（1）西端的 1 号断面，岸坡较陡，呈"侵蚀型"剖面特征。

（2）而位于采沙区中间的 3 号断面，岸滩坡度较缓，在小浪条件下基本为淤积型，在中浪条件下呈微淤型；在大浪条件下，为弱侵蚀型。

（3）中、小浪情况下，近岸 1 200 m 范围内岸滩冲淤幅度最大；大浪在深水区即发生破碎（类似于崩破波），破波带范围较大，波能沿程耗散，加上作用时间短，导致床面冲淤范围大但冲淤幅度反而小于中、小浪。

以上分析表明，进行 4 号和 8 号拟选沙源区采沙方案试验和分析时，以中浪为主、辅以大浪较合理；进行 2 号沙源区方案试验时，以中浪为主，辅以大浪和小浪较合理。

（4）石化工业区等围海建堤后，原岸滩剖面上"淤积区"范围将向海方向扩移。

（5）石化工业区等围海建堤后，原岸滩剖面上"侵蚀区"范围同样向海方向移动，而且侵蚀强度有所下降。

（6）未围海条件下大浪的能量可以在较宽阔的滩涂逐渐沿程耗散；在围海后，波能只能在大堤前近岸区耗散。其结果是围海建堤后，近岸区岸滩的侵蚀范围和强度均大于围海建堤前。

即在目前曹妃甸特定岸滩地形条件下，在大浪动力环境下，石化工业区围海建堤，对稳定附近岸滩是不利的。

以上分析表明，为了偏于安全，在分析中、小浪试验资料时，宜采用未围海建堤边界条件的成果；在分析大浪试验资料时，宜采用围海建堤边界条件。

2.4　采沙方案实施后试验结果

模型中分别进行了："大浪（$H_0 = 4.3$ m）""中浪（$H_0 = 2.2$ m）"，有、无围堤等各种采沙方案的动床波浪泥沙试验。表 3 和表 4 分别为中浪和大浪条件下各沙源区采沙方案实施后各断面平均冲刷深度增值，边界条件均为有石化工业区围海建堤。

表 3　"中浪"条件下采沙后各断面平均冲刷深度增值（m/a）

采沙方案	1 号断面	2 号断面	3 号断面	4 号断面
2 号+4 号+8 号沙源区采沙	0.75	1.91	0.78	0.07
4 号+8 号沙源区采沙	0.39	0.19	0.29	0.29
8 号沙源区采沙	0.28	0.04	0.05	0

注：增值=采沙后冲刷值–未采沙条件下冲刷值，下同。

表 4　"大浪"条件下采沙后各断面平均冲刷深度增值（m/a）

采沙方案	1 号断面	2 号断面	3 号断面	4 号断面
2 号+4 号+8 号沙源区采沙	2.68	2.03	1.89	0.18
4 号+8 号沙源区采沙	0.45	0.37	0.93	0.44
8 号沙源区采沙	0	0	0	0

根据前面提出的评价采沙方案对附近岸滩稳定性影响的指标以及是否可行的原则，对已进行的波浪泥沙动床试验成果综合分析后，得出以下结论：

（1）在 8 号沙源区采沙基本可行，但建议采沙西边界适当东移（大致在现沙源区西边界以东 1 km 外，亦即离甸头距离不得小于 7 km）。

（2）在 4 号和 8 号沙源区采沙后，岸滩侵蚀强度与未采沙情况相比，有增大趋势；基于曹妃甸岸滩稳定性的重要性，建议 4 号沙源区的岸侧边缘需适当向海方向调整。

（3）在 2 号沙源区采沙，将使大部分岸滩由"淤积型"剖面特征转变成"侵蚀型"剖面特征，同时会导致近岸 1 200 m 范围内岸滩侵蚀强度加大，直接影响到曹妃甸近岸岸坡的稳定性。为此，在没有有效的人工护岸工程建成且经过充分的科学论证前，不宜在 2 号沙源区采沙。

据此可知，采沙方案的优化重点是 4 号拟选沙源区。

2.5　采沙优化方案试验[2]

基于曹妃甸岸滩稳定性的重要性，4 号沙源区的岸侧边缘需适当向海方向调整。采沙区优化试验的目的即设法确定 4 号沙源区合适的岸侧边缘位置。共进行 5 组优化试验。采沙优化方案沙源区基本位于−7.5 m 以下深水区，小浪一般不起作用，为便于进行方案比选，模型中主要进行"中浪"及"围海"条件下的试验,部分方案进行"大浪"试验(表5)。

表5 首钢造地工程采沙优化方案组次和试验条件

方案	采沙范围	边界条件	试验波况	水位
优化方案1	4号沙源区−7.5 m以下采沙,采沙深度5 m	现状 围海	大 中	平均潮位
优化方案2	4号沙源区西端−9 m,东端−7 m以下采沙,采沙深度5 m	现状 围海	大 中	平均潮位
优化方案3	4号沙源区西端−10 m、东端−5 m以下采沙,沙源区西边界东移1 km,采沙深度5 m	围海	中	平均潮位
优化方案4	4号沙源区西端−10 m、东端−5 m以下采沙,其中西端−10 m、东端−7.5 m以上采沙深度2 m,以下采沙深度5 m,西端1 km范围采沙深度2 m	围海	中	平均潮位
优化方案5	4号沙源区西端−9 m、东端−7.5 m以下采沙,沙源区西边界东移1 km,采沙深度5 m	现状 围海	大 中	高潮位 低潮位 平均潮位

表6为各优化方案条件下各断面岸滩年平均冲刷深度增大值。

表6 各优化方案条件下各断面岸滩平均冲刷深度增值(单位:m/a)

波况及边界条件	观测断面	8号沙源区采沙	优化方案1	优化方案2	优化方案3	优化方案4	优化方案5
中浪 围海	1号	0.28	0.30	0.27	0	0.23	0
	2号	0.04	0.17	0.19	0	0.18	0
	3号	0.05	0.06	0.01	0.19	0.14	0.02
	4号	0	0.06	0	0.28	0.13	0

如前所述,我们希望采沙方案实施后,岸滩发生冲刷的区域尽量远离围堤,以免影响围堤的稳定性。表7为各优化采沙方案条件下,滩面冲刷区离规划围堤轴线的距离。

表7 各优化方案条件下各断面采沙冲刷区离岸距离(m)

波况及边界条件	观测断面	8号沙源区采沙	优化方案1	优化方案2	优化方案3	优化方案4	优化方案5	未采沙
中浪 围海	1号	540	468	540	612	540	612	612
	2号	1 116	1 116	1 116	1 044	972	1 044	1 116
	3号	1 332	1 260	1 188	1 260	1 260	1 404	1 548
	4号	—	—	—	1 764	1 476	—	—

表8为"中浪"和"围海"条件下,各工况的拟选沙源区4个地形观测断面向岸−离

表 8　各种工况条件下，拟选沙源区 4 个断面向岸 – 离岸输沙量变化

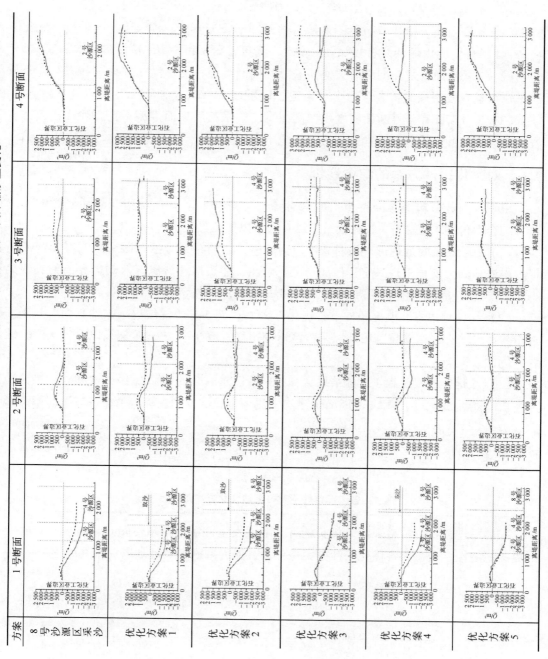

岸输沙量变化情况，图中虚线表示未采沙条件下试验结果，实线表示各采沙方案实施后试验结果。由表 6 至表 8 可以总结如下：

（1）1 号断面为侵蚀型剖面，采沙后剖面冲淤类型不变；8 号沙源区采沙、优化方案 1、2、4 条件下离岸输沙量有较明显的增大，优化方案 3 和 5 离岸输沙量基本不变。

（2）2 号断面属过渡型剖面类型，采沙后剖面类型不变；优化方案 1 和方案 4 条件下离岸输沙量有较明显的增大，其他方案变化不明显。

（3）3 号断面和 4 号断面属淤积型剖面类型，采沙后剖面类型不变，除优化方案 3 和方案 4 向岸输沙量有所减小，其他方案变化不大。

2.6   对优化采沙方案的综合评价

根据以上分析和岸滩冲淤图，可以对各优化采沙方案对各观测断面冲淤影响作出评价，综合评价结果见表 9。对评价结果可总结出以下几点：

（1）1 号断面附近地形冲淤对采沙较为敏感，即使在 8 号沙源区采沙深度 2 m 的情况下，岸滩冲刷强度仍出现一定量值的增大，因此，建议拟选沙源区西侧边界离甸头距离不得小于 7 km（或拟选沙源区西边界以东 1 km 以外）。

（2）在各种边界和波况条件下，优化方案 1（-7.5 m 等深线以下采沙）对 2 号断面附近岸滩冲淤均有一定影响，因此，采沙区岸侧边缘宜取在-7.5 m 等深线以下，从试验结果看，优化方案 5 较好。

（3）从优化方案 3 和 4 试验结果看，如采沙区东端岸侧边缘位于-5 m 附近，不论采沙深度 2 m 还是 5 m，3 号和 4 号断面岸滩均发生一定程度冲刷；综合考虑各方案对岸滩影响后认为，3 号断面采沙区岸侧边缘可以取在-10 m 等深线与优化方案 2 之间；4 号断面采沙区岸侧边缘可以取在-7.5 m 等深线附近。综上所述，优化采沙方案 5 稍优于其他优化方案。

表 9   各工况条件下对各采沙优化方案的综合评价

波况边界条件	观测断面	8 号沙源区采沙	优化方案 1	优化方案 2	优化方案 3	优化方案 4	优化方案 5
中浪围海	1 号	稍差	稍差	稍差	可行	稍差	可行
	2 号	可行	稍差	较可行	可行	较可行	可行
	3 号	较可行	较可行	可行	稍差	稍差	较可行
	4 号	可行	可行	可行	差	稍差	较可行

3   波浪动床泥沙试验小结

（1）评价采沙方案是否可行的原则和技术路线。通过对大量试验资料综合分析，充分考虑本研究课题的目的和意义，反复斟酌后确定评价采沙方案对附近岸滩稳定性影响的指标和是否可行的原则。这些原则在以往的研究中均未系统研究，它们对今后采沙问题研究具有探索性意义。

（2）采沙方案试验成果分析主要结论。位于拟选沙源区西侧的 1 号断面附近岸滩对采沙较为敏感，采沙西边界距曹妃甸甸头以东距离不得小于 7 km（或拟选沙源区西边界以东 1 km 以外）。在-7.5 m 以上范围采沙，不论采沙深度是 5 m 还是 2 m，采沙后岸滩均发生一定冲刷增量，因此不宜在-7.5 m 等深线以上浅滩采沙。

参考文献

[1] 徐啸，等.曹妃甸二期围海造地工程取沙物理模型设计及验证 [J]. 海洋工程，2017（5）.

[2] 首钢京唐钢铁联合有限责任公司围海造地二期工程取砂对滩槽稳定性影响物理模型试验研究 [R]. 南京水利科学研究院，2006.

[3] Swart D H. A Schematization for Onshore-Offshore Transport [D]. 1974.

[4] 徐啸.二维沙质海滩的类型和冲淤判数 [J]. 海洋工程，1988（4）.

[5] Hattori M，Kawamata R. Onshore-Offshore Transport and Beach Profile Change [C]. Proc. 17th C. E. C, 1980.

（原文刊于《水道港口》，2018 年第 4 期，
原文题名：《近岸取沙对岸滩稳定性影响——波浪动床物理模型试验》）

曹妃甸东坑坨岛岸滩演变及保护

摘　要：利用已有的现场观测资料和物理模型试验研究结果，着重对曹妃甸东坑坨岛的岸滩演变规律、泥沙运动趋势和治理措施进行综合分析研究，为东坑坨岛的利用和老龙沟深水航道治理提供有理论意义和工程实用价值的研究成果。

关键词：曹妃甸；东坑坨岛；岸滩演变；稳定性保护

1　东坑坨岛地形地貌特点

东坑坨岛为曹妃甸海域第二大沙岛，距曹妃甸甸头约 19 km，距大陆海岸最近点约 9 km。东坑坨岛高潮时大部分滩面被水淹没，低潮时出露水面；根据曹妃甸 2006 年地形测图可知，东坑坨 0 m 等深线面积为 6.7 km²（85 黄海基面）。如以理论基面为准，0 m 等深线以上面积近 30 km²。

东坑坨岛平面上为一 "L" 形，其长边长约 6 600 m，呈东北—西南走向（与正北向夹角为 54°），其西南端为典型的钩式沙嘴形状，其短边长约 3 400 m。

东坑坨岛与东北侧的菩提岛、金沙岛、月坨，与西侧的蛤坨、腰坨、曹妃甸岛等大小岛屿构成了曹妃甸离岸沙堤链。东坑坨岛位于曹妃甸海区最大的老龙沟潮沟潮滩的口门区，构成了曹妃甸海域海湾型潟湖（老龙沟潮沟潮滩）—离岸沙堤（东坑坨岛）地貌形态（图 1）。

东坑坨岛外侧坡度较陡，呈典型的沙质岸滩特征，沙坝内侧海床长期以淤积作用为主，水下浅滩坡度平缓。

老龙沟潟湖湾通过东坑坨沙堤东西两侧潮沟与外海相通；其中东支近东西向，宽 200~1 200 m，长约 13 km，最大水深约 19 m；西支近南北向，宽 2~12 km，长达 17.5 km，通道内发育有多个深槽区，最大水深为 22.5 m。东支潮沟与西支潮沟口门附近均有拦门沙浅滩发育。

在东坑坨岛外侧的沿岸输沙和老龙沟口门潮汐通道潮流综合作用下，形成了独具特点的东坑坨离岸沙堤（沙岛）—老龙沟潟湖湾潮滩—潮汐通道拦门沙动力地貌体系[1,2]。

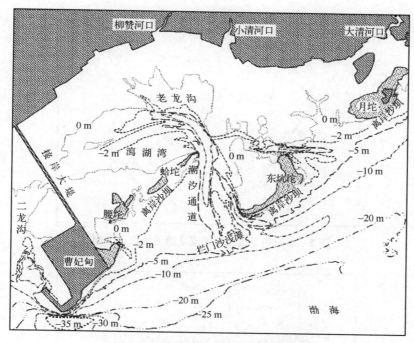

图1　东坑坨—老龙沟动力地貌体系

2　曹妃甸—东坑坨海洋动力条件

2.1　曹妃甸—东坑坨海域潮汐潮流特征

曹妃甸—东坑坨海域属不正规半日混合潮性质。根据资料统计，海域的潮位特征值为：平均海平面（黄海零点）1.77 m，平均潮差 1.54 m[3]。图2为2006年3月水文测验水流测点大潮期逐时流矢图，可以看出以下特点[4]：

（1）本海域潮波呈驻波特点；

（2）曹妃甸甸头深槽和老龙沟汇流处流速明显强于其他海区；

（3）东坑坨附近近海区潮流基本为 80°—250° 向的往复流，大潮平均流速 0.40 ~ 0.55 m/s，最大流速 0.85 ~ 1.00 m/s。

2.3　曹妃甸—东坑坨海区波况[5]

1996 年、1997 年和 1999 年曾于曹妃甸甸头深槽进行波浪观测。据此统计绘制了曹妃甸海域波高、频率及波能比分布玫瑰图（图3），图上同时绘上东坑坨主岸线走向（NE 53.6°）。统计分析可知，波高 $H_{1/10} < 0.6$ m 的波浪占波浪总数的 60%，但波能只占波能总数的 9.3%，即小浪对岸滩演变贡献甚小。深水波高大于 0.6 m 以上波浪的平均值大致为 1.2 m。

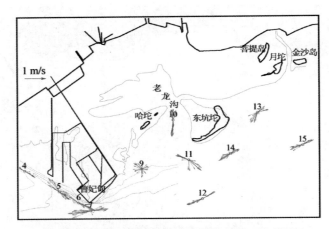

图 2　曹妃甸海域部分测点逐时流矢图（大潮）

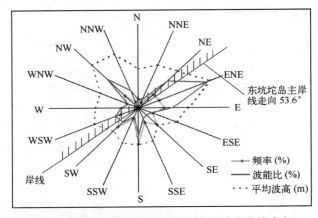

图 3　曹妃甸波浪分布玫瑰图和东坑坨主岸线走向

3　东坑坨—老龙沟海域泥沙运动特点

3.1　东坑坨—老龙沟海域的"水-沙"关系

表 1 为 2006 年 3 月水文测验期间，东坑坨—老龙沟海域部分测站水深、悬沙、底沙粒径和流速情况等。根据表 1 中数据，可以得到以下结论：

表 1　2006 年东坑坨—老龙沟海域部分测站泥沙特点和水流特性

站位	位置	水深 /m	底质沙 d_{50} /mm	悬沙 d_{50}/mm 大潮	悬沙 d_{50}/mm 小潮	流速/（m·s^{-1}） V_1	流速/（m·s^{-1}） V_2	底沙起动流速 u_c/（m·s^{-1}）	起动摩阻流速 u_{*c}/（cm·s^{-1}）
10	老龙沟中	-15.13	0.031	0.012	0.010	0.48	0.37	1.04	3.11
11	东坑坨西	-7.08	0.185	0.011	0.013	0.52	0.38	0.45	1.52

站位	位置	水深 /m	底质沙 d_{50} /mm	悬沙 d_{50}/mm		流速/ (m·s^{-1})		底沙起动流速 u_c/ (m·s^{-1})	起动摩阻流速 u_{*c}/ (cm·s^{-1})
				大潮	小潮	V_1	V_2		
12	东坑坨西外海	-27.55	0.248	0.016	0.013	0.47	0.32	0.65	1.75
13	东坑坨东	-7.05	0.129	0.011	0.012	0.37	0.27	0.47	1.58
14	东坑坨前	-7.15	0.197	0.011	0.012	0.38	0.26	0.45	1.51
15	东坑坨东外海	-18.18	0.376	0.013	0.014	0.38	0.27	0.57	1.65
	平均	—	0.200	0.014	0.012	0.43	0.31	—	—

注：各测站位置如图 2 所示；V_1 为 2006 年 3 月 19—20 日大潮全潮平均流速（m/s）；V_2 为 2006 年 3 月 25—26 日小潮全潮平均流速（m/s）。

（1）东坑坨—老龙沟海域底质主要为粒径 0.15~0.30 mm 的中细沙，为沙质岸滩条件；而水体悬沙基本为粒径 0.012~0.014 mm 的粗粉砂，说明在正常气象条件下，水体和床面泥沙交换量很少，亦即水体中泥沙不参与造床，海床是相对稳定的；

（2）东坑坨—老龙沟海域当地大潮平均流速一般小于床面泥沙的起动流速，即潮流动力强度不足以对床面造成冲刷；

（3）导致东坑坨近岸区岸滩发生泥沙运动的主要海洋动力是波浪。

3.2 曹妃甸海域泥沙运动特点

因为南堡以西是"潮滩平缓的淤泥质岸滩"，稍有风浪，细颗粒泥沙即发生悬扬，悬沙平均粒径为 0.008 mm，曹妃甸甸头及甸头以东海域悬沙粒径为 0.012~0.014 mm。这些资料表明，来自南堡以西淤泥质岸滩的悬沙基本上不参与曹妃甸沙质床面的泥沙交换运动。

多次水文测验资料分析也表明，曹妃甸海域悬沙净输移方向为自东向西。

以上分析说明，曹妃甸岸滩虽然具有复杂的地形地貌环境，但基本上仍然具有沙质海岸特征，位于开敞海域近岸区泥沙运动的最主要形式是波浪作用下的沿岸输沙和横向输沙。

位于东坑坨岛两侧连接老龙沟潮沟潮滩与外海的潮汐通道处，不仅受到波浪动力作用，同时承受进出老龙沟潮沟和纳潮浅滩的潮汐棱体作用。

4 东坑坨岛岸滩演变规律研究分析

4.1 东坑坨岛泥沙来源

南堡以东是典型的沙质海岸，它是古滦河废弃三角洲的泥沙在波浪潮流长期作用下的结果。该海区海岸的发育与滦河来沙状况密切相关。

20 世纪 70 年代以来，滦河入海输沙量锐减，泥沙供给不足，已由原滦河泥沙供沙转化为相对微弱的沿岸沙坝冲刷供沙。东坑坨海域的沙源条件也由原滦河泥沙自北向南的运移供沙转化为相对微弱的沿岸沙堤冲刷供沙。

4.2　东坑坨—老龙沟滩槽稳定性的长期变化趋势

本海区海岸地貌形成发育年代较长，东坑坨等离岸沙堤基础深厚，已形成稳定的沙质岛屿，加之潮沟内泥沙淤积速率较小，因此长期以来东坑坨—老龙沟附近滩槽形势基本稳定；同时，由于沿岸泥沙供给不足，东坑坨等离岸沙堤在今后一定时期内将呈轻微冲刷态势。

4.3　东坑坨—老龙沟滩槽近期冲淤变化

下面分别应用遥感卫星图片分析和地形测图分析对比，分析东坑坨岛岸滩冲淤变化。

4.3.1　东坑坨岸线变化遥感卫星图片分析

应用卫星不同波段的假彩色合成图像进行定性分析，图 4 为 1988 年和 2003 年同波段合成不同区域岸线比较，图中红线为 1988 年岛屿轮廓线，绿色区域为 2003 年岛屿位置。可以发现，东坑坨沙堤 15 年来总体形态稳定；东坑坨沙堤海侧岸线有侵蚀趋势，图中蓝色侵蚀区很明显；东坑坨 "L" 形沙堤端头均有淤涨的趋势，西端淤积比较明显，东坑坨岛西端 1988 年有分割现象，2003 年已连成一块，具有钩形沙嘴（hooked spit）的特征，但发育缓慢。

图 5 为 1996 年和 2002 年同波段合成不同区域岸线比较，图中红线为 1996 年岛屿轮廓线，绿色为 2002 年岛屿轮廓线位置。两次岸线形态比较后发现，东坑坨岛海侧岸线有侵蚀趋势；在海堤内侧的部分波影区有泥沙淤积；"L" 形沙堤端部泥沙淤积明显。总的结果与图 4 一致。

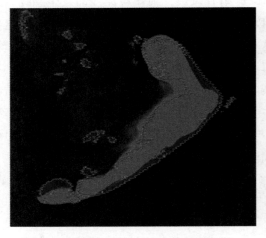 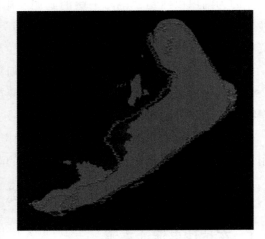

图 4　1988 年和 2003 年东坑坨岸线变化　　　　图 5　1996 年和 2002 年东坑坨岸线变化

4.3.2　地形资料分析（1996—2006 年）

4.3.2.1　冲淤平面图[6]

利用 1996 年和 2006 年的地形测图进行冲淤分析结果如图 6 所示，可以看出，除老龙沟东、西口门附近外，东坑坨岛海侧岸滩出现较明显的冲刷趋势，0 m 等深线现已紧贴沙岛的主体。与此同时，东坑坨岛的陆侧出现明显的淤积区，东坑坨岛西侧呈现不断向老龙沟深槽淤进的趋势。

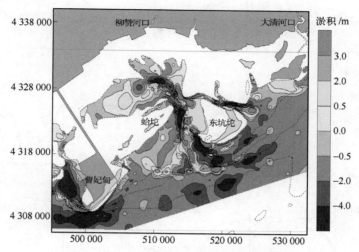

图 6　1996—2006 年东坑坨附近海区冲淤变化

4.3.2.2　断面冲淤分析

以东坑坨岛为中心布置了 9 个断面，用于分析海床冲淤变化，断面布置如图 7 所示，图 8 分别给出了这 9 个断面的水深对比。

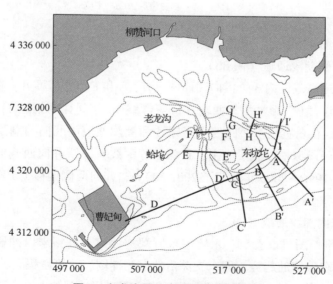

图 7　老龙沟周边海区海床断面布置

（1）东坑坨外侧岸滩（图 8a）。

由图 8a 中 A、B 和 C 3 个断面水深变化可知，东坑坨岛外侧近岸浅滩最近发生蚀退，近 10 年间，0 m 等深线向岸后退了 550~730 m，平均蚀退速率约 55~73 m/a；此结果与卫

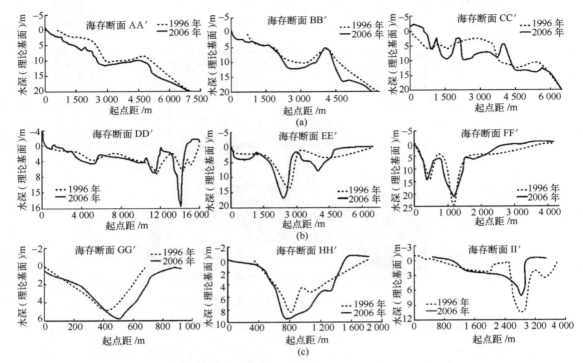

图 8　东坑坨各海区海床断面 1996 年与 2006 年水深对比

（a）外侧海区；（b）西侧海区；（c）东侧海区

星图片分析结论（图 4 和图 5）基本一致。

（2）东坑坨西侧潮汐通道（图 8b）。

对老龙沟潮汐通道范围内 3 个横向断面图（D、E 和 F）分析可见，在自东向西的沿岸输沙作用下，东坑坨"L"形沙堤岛西端 0 m 等深线 10 年间往西推进了 1 300 m，平均每年向西淤积 130 m。在东坑坨东西向的沿岸输沙和潮汐通道南北向的潮汐水流的综合作用下，东坑坨西侧口门段深槽以微淤为主，且深槽等深线有缩窄并向西侧偏移的趋势，口门段 -5 m 深槽宽度在 1996—2006 年缩窄了 200~500 m，并向西侧偏移了 100~400 m，即深槽西侧冲刷、东侧淤积。

（3）东坑坨东侧潮汐通道（图 8c）。

由 G、H 和 I 剖面图可以看出，东坑坨东侧潮汐通道，近年来以冲刷为主，且深槽的等深线有增宽并向东偏移的趋势，即东支深槽的东侧冲刷、西侧淤积。

由口门区 I-I′断面图可知，东坑坨东侧岸滩发生明显侵蚀现象，0 m 等深线 10 年间向岸后退了 380 m，平均蚀退速率约 38 m/a；此结果也与前面卫星图片结论（图 5 和图 6）一致。

距沙堤 1 500 m 外的深槽西侧浅滩区，有较明显的淤积现象，淤厚为 0.5~2.0 m；初步分析认为，这是在较强的东向波浪作用下横向离岸泥沙运动所致。

上述分析可知，近 10 年来，东坑坨沙堤海侧外缘近岸浅滩呈冲刷态势，等深线具有向岸平移的倾向；在沿岸输沙的作用下，东坑坨"L"形沙堤长臂西端逐年向西递增，潮汐通道西支深槽呈现向西偏移趋势；东坑坨"L"形沙堤短臂也呈现向北端淤增态势。东坑坨"L"形沙堤内侧的大面积浅滩水域则主要表现为淤积态势。

5 东坑坨西侧老龙沟潮流通道拦门沙航道稳定性分析

5.1 东坑坨沿岸输沙率计算

由前面地形冲淤分析可知，东坑坨西侧"老龙沟"潮流通道口门段深槽在东西向的沿岸输沙和南北向的潮汐水流综合作用下以微淤为主，且有缩窄并向西侧偏移的趋势；口门段-5 m 深槽宽度在 1996—2006 年间缩窄了 200~500 m，并向西侧偏移了 100~400 m，即深槽西侧冲刷、东侧淤积。要维持老龙沟潮流通道口门段深槽的稳定性，防止东坑坨沙堤西端进一步向西延伸侵入深槽，显然需要尽量减少东坑坨近岸区岸滩的沿岸输沙强度。

现应用曹妃甸甸头实测波浪资料，采用 SMB 等关系式估算东坑坨岛岸滩沿岸输沙率，计算结果列于表 2。从计算结果可以看出，东坑坨岛岸滩自东向西净输沙率平均 $3.531×10^4$ m³/a 左右，沿岸输沙率相对不大。

表 2 东坑坨岛岸滩沿岸输沙率（×10⁴ m³/a）计算

计算关系式	自东向西输沙率	自西向东输沙率	净输沙率
SMB 公式	9.29	4.40	4.89（自东向西）
徐啸公式[7]	7.91	4.38	3.53（自东向西）
夏都公式	6.58	3.25	3.33（自东向西）
CERC 公式	7.88	4.44	3.44（自东向西）

5.2 关于老龙沟潮流通道拦门沙航道的稳定性分析

根据潮流通道稳定性理论[8]，进出潮流通道的大潮潮量（Ω，m³/每潮）与沿岸输沙量（M，m³/a）之比值 Ω/M，大于 150 时，才能保证拦门沙水道不受沿岸输沙的影响。

在物理模型中测得老龙沟西支潮流通道的涨落潮水量见表 3，可算得 Ω/M 值达 1 500 以上。由于老龙沟潟湖-潮流通道体系并不典型，口门段潮流通道的深槽之间分布着宽阔的浅滩，单宽流量并不大，此比值仅可说明来沙量相对较小，对老龙沟潮滩体系影响有限。对口门段拦门沙水道稳定性来讲，当地水流强度可能是更重要的指标，根据文献［1］提供的资料，为维持拦门沙水道的水深条件，深槽处平均最大流速应大于 0.90 m/s，或半潮平均流速大于 0.60~0.70 m/s。根据最近的模型试验成果[4]，老龙沟拦门沙航道东、中、西三方案开挖前后拦门沙水道沿程大潮半潮平均流速仅为 0.40~0.50 m/s，说明拦门沙航道开挖后，波浪在拦门沙海域附近造成的泥沙回淤是难免的，但因沙源有限，进行适当的疏浚或整治工程可以维持拦门沙航道的水深条件。

表 3 老龙沟东、西槽涨落潮水量（×10⁸m³/d）[4]

西槽		东槽	
涨潮流量	落潮流量	涨潮流量	落潮流量
3.42	2.71	2.27	2.47

6 东坑坨岛的治理

6.1 东坑坨岛的功能定位

曹妃甸工业区基于曹妃甸海域各处的地理、地貌特点而进行的曹妃甸海域整体规划考虑，东坑坨岛今后主要功能是作为旅游休闲的天然海滨沙滩。

优质海滨浴场首先要求具有一定波浪条件，我国一些优质海滨浴场平均波高大多为0.7~0.8 m，而曹妃甸海域平均波高为0.80~0.90 m（表4），具有建成优质海滨浴场的波浪动力环境。

表 4 曹妃甸海域平均波高（m）的逐月分布[6]

	3 月	4 月	5 月	6 月	7 月	8 月	9 月	10 月	11 月	12 月
1996 年	—	—	—	—	—	—	1.14	1.07	0.99	1.10
1997 年	—	0.86	0.98	0.78	—	—	—	—	—	—
1999 年	0.76	0.76	0.86	0.70	0.00	0.70	0.00	0.85	0.83	0.92

优质海滨浴场另一个要求是"潮平、流软"，即潮差不要太大，水流不要太强，以尽量避免造成安全隐患。东坑坨海域平均潮差仅1.5 m左右；根据物理模型试验研究，东坑坨岸滩前沿海域，除西端局部范围流速较强外，大部分为"缓流区"。

根据东坑坨动力环境和地貌特点，定位为海滨浴场是适宜的。

6.2 东坑坨海侧岸滩的稳定性问题

由曹妃甸海域波浪玫瑰图（图3）可以看出，东坑坨近岸海域范围内，ENE方向波浪动力最强，由地形条件可知北向风浪对东坑坨影响相对较小，保证了东坑坨岸滩目前基本稳定。但从长远角度来看，有必要考虑合适可行的护岸工程措施。

6.3 东坑坨岛的治理目标和原则

东坑坨岛的治理目标应是：治理工程在满足海滩功能定位方面的要求下，尽量减少岸滩的侵蚀后退问题；这一目标的实施，实际上也同时可以解决老龙沟口门深槽的西移问题。

在实施这一治理目标时必须注意不能对曹妃甸海域造成其他负面作用，为此我们认为整治工程应按以下原则考虑：

（1）整治工程的布置不应导致沙滩附近产生复杂的流态，如回流等；

（2）整治工程可采用离岸潜堤等方式，以尽量减少强波对沙滩的作用；

（3）整治工程尽可能与护岸工程或海洋观景建筑相结合；

（4）从长远来看，任何整治工程都无法从根本上解决岸滩的侵蚀问题，只能减缓侵蚀趋势，在规划岸滩整治工程时，应同时考虑岸滩的人工补沙需求；

（5）老龙沟拦门沙航槽整治工程与东坑坨岛整治工程有一定的联系和影响，因此需要进行综合考虑。

7 结语

（1）根据底质特点、动力环境和泥沙运动特点，以南堡为界，其西侧为淤泥质海岸，为海河和黄河供沙所塑造；其东侧为沙质海岸；该海区海岸的发育与滦河来沙状况密切相关。在曹妃甸动力条件下形成了东坑坨离岸沙堤—老龙沟潟湖湾潮滩—潮流通道拦门沙地貌体系。

（2）20 世纪 70 年代以来，滦河入海输沙量锐减，泥沙供给不足，已由原滦河泥沙供沙转化为相对微弱的沿岸沙坝冲刷供沙。虽然曹妃甸—东坑坨浅滩岸坡、近海岛屿、沙坝总体上仍然保持稳定，但由于上游（东）侧供沙的减少，近年发生了局部侵蚀现象，对其所造成的影响应予以足够的关注。

（3）东坑坨—老龙沟海域底质粒径主要为 0.15～0.30 mm 的中细沙，而水体悬沙粒径为 0.012～0.014 mm 的粗粉砂，水体中泥沙基本不参与造床，东坑坨海床相对稳定。一般的小浪对岸滩演变贡献甚小，但强风浪的影响不可忽视。

（4）从长远角度考虑，需考虑防止东坑坨进一步侵蚀的治理措施。东坑坨岛的治理目标应是：通过适当的整治工程，减少东坑坨岸滩的侵蚀后退问题，同时可以兼顾和改善老龙沟口门潮沟的稳定性问题。

参考文献

［1］京唐港曹妃甸港区海洋动力地貌调查报告［R］. 南京大学，1997.

［2］唐山港曹妃甸港区开发海岸动力地貌研究［R］. 南京大学，2007.

［3］京唐港曹妃甸港区矿石专用码头工程潮汐观测报告［R］. 青岛环海海洋工程勘察研究院，2001.

［4］曹妃甸老龙沟航道治理滩槽稳定性研究［R］. 南京水利科学研究院，2009.

［5］京唐港曹妃甸港区波浪观测工作报告［R］. 青岛环海海洋工程勘察研究院，2000.

［6］曹妃甸东坑坨旅游区滩槽稳定性及波流泥沙数学模型研究［R］. 南京水利科学研究院，2007.

［7］徐啸. 应用现场实测资料直接计算沿岸输沙率［J］. 海洋工程，1996（2）.

［8］［美］P. 布鲁恩. 港口工程学［M］. 交通部第一航务工程局设计院技术情报组译. 北京：人民交通出版社，1981.

附录：东坑坨岛（龙岛）的新状况

上文为 2008 年《曹妃甸东坑坨演变与治理》项目的主要成果，完成于 2009 年 2 月。其后有关部门将东坑坨岛改称为"龙岛"。

2013 年课题组应邀到曹妃甸，审查了河北省海洋局编制的《唐山曹妃甸龙岛整治修复及保护项目申报书》，会前考察了龙岛沙滩。我们惊讶地发现龙岛近年已遭受到严重的破坏。

（1）2008 年卫星图片。

可以清晰地看出，冀东油田在龙岛北侧浅滩建设了两个人工岛，有道路直到龙岛海岸边，在海岸外建成延伸到海岸线外 80 m 长的栈桥平台（试验单位曾要求全建成透空式栈桥）；在道路西侧 260 m 处开挖了一条横穿岛体的水道，水道长 200 m、宽 25 m（附图 1）。

附图 1   2008 年龙岛卫星图片

（2）2010 年卫星图片。

冀东油田的栈桥基本建成，栈桥根部又建设了 60 m 长的实堤，实堤西侧还建了一个小型船码头。更大的变化是在油田进岛道路西侧 600 m 岛身范围进行了旅游开发，有道路和一系列滨海小木屋。岛身处挖开形成宽 150 m 的水道，使龙岛南北水域相通。南北水域较大的相位差将在开口处形成较大的涨、落潮水流，与波浪共同作用（附图 2）。

以油田人工岛和栈桥道路为基准，卫星图片可以方便准确地进行对比分析。2010 年与 2008 年卫星图片对比，栈桥西侧岛身在建成东西长 600 m 左右的旅游区和最小宽 150 m 水道的同时，由于"偷沙"，龙岛西端堤身长度竟然萎缩了 1 100 m（附图 3），岸线也平均后退 75 m。

（3）2012 年卫星图片。

经历了 2012 年秋冬季寒潮大风浪作用后，"龙岛旅游开发区"遭受严重侵蚀，龙岛岛身开挖的水道被风浪潮流冲宽到 330 m 以上（附图 4）。附图 5 为 2010 年与 2012 年 11 月"旅游开发区"局部岸线变化比较图。据了解，已有不少小木屋在风浪的侵袭下岌岌可危（附图 6）。

附图 2 2010 年龙岛卫星图片

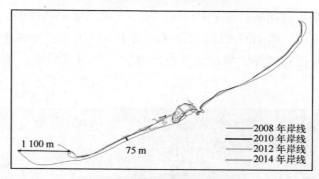

附图 3 龙岛各年岸线变化概况

附图 4 2012 年龙岛卫星图片

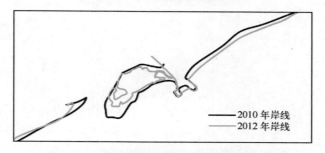

附图 5 "龙岛旅游开发区"附近岸线变化情况

附图 6　"龙岛旅游开发区"小木屋（2013 年 4 月）

（4）2014 年卫星图片（附图 7）。

由附图 7 可见岛身出现了萎缩且受到侵蚀。岛身的萎缩和受到的侵蚀显然是人为作用的结果。2009—2010 年，龙岛上的人类活动，基本上都属于破坏性的。有关部门显然已认识到"龙岛旅游开发区"西侧的水道在潮流和风浪作用下还会进一步被冲宽，岛身还会进一步遭受灾难性的侵蚀和破坏。为此对开挖水道进行了封堵回填。龙岛的修复工作十分艰巨。

附图 7　2014 年龙岛卫星图片

京唐港自然条件及泥沙运动分析

摘　要： 全面分析京唐港海域海岸动力和地形地貌特点，指出京唐港岸滩具有沙质-粉砂质岸滩特点，波浪动力是塑造当地地貌特征的控制因素。自 1992 年京唐港深水航道竣工以来，已多次发生骤淤现象，经分析，秋、冬季寒潮大风引起的强风浪，大量扬动并输移近海区（-3~-8 m）岸滩粉砂质床沙是航道骤淤的主要原因。

关键词： 京唐港自然条件；沙质-粉砂质海岸；入海航道泥沙骤淤

1　京唐港概况

1.1　京唐港地理位置

京唐港位于唐山市东南乐亭县王滩乡，北纬 39°13′，东经 119°01′，在滦河口与大清河口之间，直对渤海湾湾口。

1.2　京唐港岸滩地貌特点[1]

1.2.1　京唐港附近海岸为典型的沙堤-潟湖地貌形态

滦河是渤海湾地区仅次于黄河的第二条多沙河流，年平均输沙量为 $2.156×10^7$ t（据滦河水文站 1927—1985 年资料统计）。据有关文献研究，自全新世以来，由于滦河大量向海供沙，塑造了以滦县为顶点北至昌黎、南至曹妃甸的扇形三角洲平原。从滦河口至大清河口间的沙堤-潟湖海岸是滦河三角洲的前沿部分（图 1）。

自 20 世纪 70 年代以后，因滦河中上游兴建水库蓄水，入海流量 70% 受到控制，入海沙量大幅度减少，滦河口以南海岸因供沙不足，主要通过侵蚀海岸来获得泥沙的补给，达到动力条件与泥沙运动之间新的平衡；沿

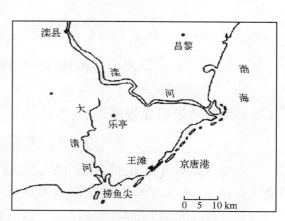

图 1　京唐港地理位置

岸沙堤普遍遭受侵蚀萎缩，且有并岸
的趋势。

京唐港附近的海岸现处于轻微侵
蚀状态（图2）。

1.2.2　京唐港岸滩特征

根据京唐港附近水域地形和底质
资料分析可知，京唐港海域近岸 1 km
范围内（0～–3 m）主要为 0.1～0.2 mm
的细沙，岸滩坡度大致为 1/100～1/50，
为典型的沙质岸滩。离岸 1～3 km（–3～
–8 m）主要为 0.06～0.09 mm 的粗粉

图 2　京唐港海岸地貌特点

砂，岸滩坡度一般为 1/500～1/400，为粉砂质岸滩。3 km 以外（–8 m 等深线外）沉积物
较细，以黏土质粉砂为主，岸滩坡度更为平缓，大致为 1/750。–12 m 等深线以外岸滩坡
度为 1/1 100（图3）。

依据多次地形及底质采样资料综合分析，在图3上标出京唐港附近岸滩典型剖面及滩
面不同水深处底质的代表粒径。

由此可知，京唐港岸滩具有沙质–粉砂质岸滩特征。

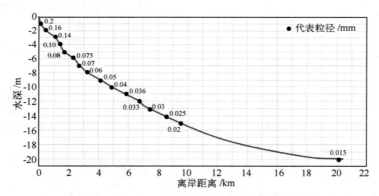

图 3　京唐港附近岸滩典型剖面及滩面底质代表粒径

1.3　京唐港港口建设概况

京唐港港区岸线呈 NE—SW 走向，入海航道走向为 135°—315°，与等深线基本正交。

京唐港 1984 年开始进行选址工作；1985—1986 年进行地貌调查工作；1989 年 8 月主
体工程开工；港区主体工程包括挖入式港池、入海航道及挡沙堤工程（图4）。

设计部门基于沙质岸滩条件考虑，航道两侧的挡沙防波堤按环包式长短堤布置形式，
西堤长约 600 m，堤头在 –3.0 m 等深线处。东堤长 1 840 m，堤头在 –5.0 m 等深线处。

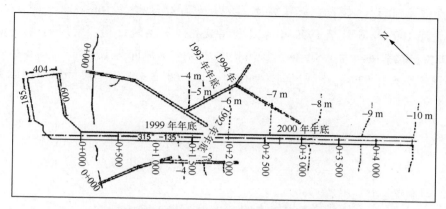

图4 京唐港主体工程情况及挡沙堤建设进度

二期航道工程于1992年7月竣工，航道宽100 m，底标高-10.0 m，长4 545 m。其后，1992年秋冬季入海航道在0+2 000 m处发生泥沙骤淤，最大淤积厚度近4 m，以致产生碍航事件。建设单位认为航道内骤淤是"沿堤流"所致，为减小沿堤流作用，1993年7月在东挡沙堤0+1 500 m处向SE向修建"挑流堤"。

因"Y"形的挑流堤无法阻挡ENE向波浪，需建环抱式防波堤，最后形成了复杂的京唐港"葫芦形"挡沙防波堤。其后航道内依然多次发生骤淤现象。

京唐港是我国第一次在沙质-粉砂质岸滩建港实践，其后我国在黄骅、潍坊等更加典型的粉砂质岸滩的建港实践表明，如确实需要在粉砂质海岸建港，关键是要掌握大风浪条件下岸滩上粉砂运动规律，并采用合适的挡沙工程以防止航道内泥沙的骤淤[2]。

2 京唐港海洋动力环境

2.1 风[3]

2.1.1 资料情况

大清河口盐场气象站1980—1996年共17年的自记风记录，1999年6—10月自记风资料。

大清河口盐场气象站1955—1990年共36年风统计资料。

王滩1980年1—12月、1993年6月至1995年4月及1998年10月至1999年6月风向、风速自记风资料。

乐亭县气象站1978—1992年自记风资料。

2.1.2 京唐港测风资料分析

根据王滩1980年1—12月一年观测资料统计得：常风向为S向，频率为11.12%；次常风向SW向，频率9.10%；强风向为ENE向，其6级及6级以上风的出现频率为

0.63%；次强风向为 WNW 向，其 6 级及 6 级以上风的出现频率为 0.60% ［图 5（a）］。

根据王滩 1993 年 6 月至 1995 年 4 月两年观测风资料统计得：常风向为 SSW 向，频率为 10.02%；次常风向为 WSW 向，频率为 8.24%；强风向为 ENE 向，其 6 级及 6 级以上风的出现频率为 0.52%；次强风向为 NE 向，其 6 级及 6 级以上风的出现频率为 0.35% ［图 5（b）］。

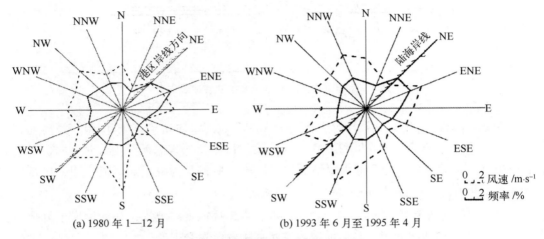

(a) 1980 年 1—12 月　　　　　(b) 1993 年 6 月至 1995 年 4 月

图 5　京唐港王滩风向分布玫瑰图

根据大清河口盐场气象站 1980—1996 年共 17 年的自记风记录分析结果可知，本区风在各方向上分布较均匀，冬季受寒潮影响盛行偏北风，夏季受太平洋副热带高压影响，多为偏南风。强风向为 ENE 和 E 向，年均风速在 6 m/s 以上；常风向为 S—SW，占 26%（图 6）。

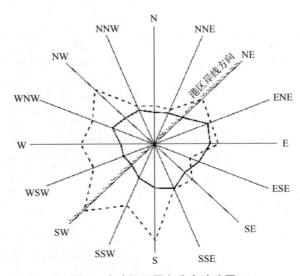

图 6　大清河口风向分布玫瑰图

2.2 寒潮和风暴潮

寒潮常发生在 11 月至翌年 3 月,主要从西伯利亚经蒙古国侵入我国河北省以及从贝加尔湖以东移至我国东北平原再经渤海侵入。年平均两次,最多年份达 6 次左右。在寒潮影响下,引起气温剧烈下降,并常伴有大风浪。渤海湾沿岸是风暴潮较强地区之一,据不完全统计,1949 年以前 400 年间曾发生较大的风暴潮 30 余次,接近每 10 年 1 次。风暴潮期间剧烈的增、减水和大风浪,常造成海岸和海岸工程较大的破坏。

2.3 波浪

现收集有:1987 年中交第一航务工程勘察设计院有限公司用"949"测波仪在港区 -5 m 等深线处进行了 9 个月观测(3—11 月);1993—1995 年,测波站在航道端点-10 m 等深线处进行了两年波浪观测;应用 P–Ⅲ 曲线对大清河口盐场 8 年平均风速资料进行外延,1987 年保证率为 12%,为强风年,1993 年保证率为 85%,为弱风年。

2.3.1 风浪和涌浪频率

表 1 列出京唐港 1987 年、1993—1995 年风浪和涌浪频率,可以看出,风浪频率大于涌浪,本海域以风浪为主。

表 1 京唐港风浪（F）、涌浪（U）频率（%）

年份	F	F/U	FU	U/F	U
1987	38.7	7.9	17.7	33.1	2.6
1993—1995	37.2	20.1	14.9	26.8	1.2

2.3.2 京唐港波浪资料分析

图 7 为京唐港 1987 年波浪分布玫瑰图,图 8 为京唐港 1993—1995 年波浪分布玫瑰图。

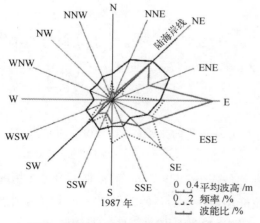

图 7 京唐港 1987 年波浪分布玫瑰图

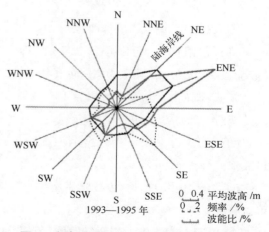

图 8 京唐港 1993—1995 年波浪分布玫瑰图

2.3.2.1　1987年京唐港波浪观测资料分析

（1）常浪向 SE、E、ESE（共占 42.5%），强浪向 E、NE、ESE（占总波能 50%）。

（2）海向来浪占 77%，海向来浪中，波高 H<0.6 m 占 39%，波能占 5.4%；波高 $H\geq$0.6 m 占 61%，波能占 95.6%；即 $H\geq$0.6 m 的大浪是塑造岸滩形式的主要动力。

（3）海向来浪中南、北向来浪频率比接近 1∶1，但波能比为 1∶2.5，即强浪主要是北向来浪。图 9 为 1987 年各月波能分布情况，本区域春夏季波浪相对较弱，10 月以后波能急剧增大，且主要是北向强风浪。

（4）表 2 为 1987 年各月大浪情况，可以看出，11 月 ENE 向波浪最大。

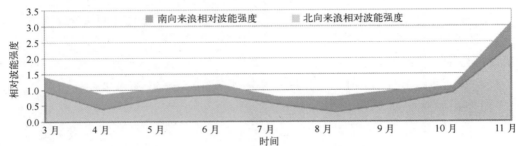

图 9　京唐港 1987 年海向来浪波能分布情况

表 2　1987 年 3—11 月各月最大浪情况

	3 月	4 月	5 月	6 月	7 月	8 月	9 月	10 月	11 月
H_{max}/m	3.7	2.7	2.8	4.0	2.5	2.5	3.4	3.3	5.8
T/s	6.9	3.9	6.1	6.6	5.4	4.6	4.8	6.3	9.5
方向	ESE	E	ENE	E	E	E	E	NE	ENE

2.3.2.2　京唐港 1993—1995 年波浪资料分析

1993—1995 年京唐港海域波浪有以下特点：

（1）常浪向为 ENE（13.11%）、SE（10.71%）及 E（10.53%）；强浪向为 ENE 向（波能占 24.29%），其次为 NE 向（10.56%）和 E 向（9.44%）（图 8）。

（2）波高小于 0.6 m（相当于 3 级风以下）波浪频率约 50%，但波能仅占 9%，即大浪是塑造岸滩形态的主要动力。

（3）表 3 为 1993—1995 年各月大浪情况。均可说明北向来浪较强。其中 1993 年 11 月最大浪波高达 5.5 m。

（4）图 10 为 1993—1995 年京唐港海向来浪中大浪（$H\geq$0.6 m）的波能逐月分布情况，可以看出，春、夏季波能强度较小，且南北向波能相当；自 9 月始北向风浪频率逐渐增加。11 月和 12 月北向来浪达到全年的最大值。与 1987 年波浪分布规律（图 9）基本一致。

表 3 1993—1995 年各月最大浪情况

1993 年	6 月	7 月	8 月	9 月	10 月	11 月	12 月	1994 年	3 月	4 月	5 月
H_{max}/m	2.2	2.3	2.2	3.3	3.2	5.5	2.2	—	3.0	2.9	3.7
T/s	5.0	5.5	5.8	6.7	7.6	8.9	6.7	—	6.5	4.5	5.5
方向	ENE	ENE	SSW	N	ENE	ENE	NE	—	ENE	ENE	NE
1994 年	6 月	7 月	8 月	9 月	10 月	11 月	12 月	1995 年	3 月	4 月	—
H_{max}/m	3.2	2.5	3.0	3.1	3.2	4.1	3.8	—	4.3	3.0	—
T/s	10.0	9.2	6.0	10.1	10	11.8	10.8	—	11.2	10.2	—
方向	N	S	NE	E	NNE	NE	ENE	—	ENE	ENE	—

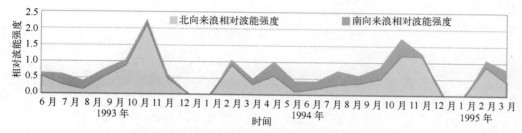

图 10 京唐港 1993—1995 年海向来浪 ($H \geqslant 0.6$ m) 各月波能分布

2.4 京唐港潮汐潮流特点

2.4.1 潮汐

本海域潮汐系数 $F = 1.23 \sim 1.38$，日潮不等现象显著，往往大潮小潮相间，基本上属于半日潮。潮差较小，平均潮差为 0.85 m，平均海平面在基准面上 1.23 m 处。

2.4.2 京唐港现场水文测验资料分析

现收集有 1986 年、1993 年及 2000 年 3 次水文测验资料。其中 1986 年为未建工程前的天然条件；1993 年测站大部分布置在挡沙堤附近，受挡沙堤工程影响较大。

下面着重分析 1986 年 10 月和 2000 年 10 月现场观测资料。1986 年相当于中潮条件，2000 年相当于大、中潮条件。图 11 为各次测流站位位置。

1986 年和 2000 年各测站半潮平均流速分别列于表 4 和表 5。经过分析，京唐港港区海域潮流特征如下：

（1）本海域潮差较小，潮流较弱。在中潮条件下，平均流速为 0.25 ~ 0.30 m/s，最大流速 0.55 m/s 左右；大中潮条件下，平均流速为 0.30 ~ 0.35 m/s，最大流速 0.65 m/s 左右。

（2）本海区潮流具有中潮位以上西南流，中潮位以下东北流的特点。西南流和东北流大小和历时大致相等。

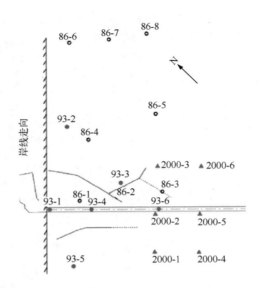

图 11　京唐港 1986 年、1993 年和 2000 年水文测站布置

（3）根据各测站流矢图，椭圆率较小，长轴方向与等深线平行，表现出较明显的往复流性质；各测站水流强度有向岸逐渐减小的趋势。

（4）净输水方向主要为西南向。

表 4　1986 年 10 月各测站半潮平均流速（m/s）

站位	86-1	86-2	86-3	86-4	86-5	86-6	86-7	86-8	潮差
水深/m	-3.2	-5.0	-7.3	-3.5	-7.0	-2.0	-4.0	-6.0	/m
东北流平均流速/（m·s⁻¹）	0.21	0.24	0.26	0.24	0.23	0.23	0.21	0.33	0.82
西南流平均流速/（m·s⁻¹）	0.22	0.25	0.28	0.20	0.26	0.22	0.21	0.28	

表 5　2000 年 10 月各测站半潮平均流速（m/s）

站位	2000-1	2000-2	2000-3	2000-4	2000-5	2000-6	潮差
水深/m	-7.0	-7.0	-7.0	-8.5	-8.5	-8.5	/m
东北流平均流速/（m·s⁻¹）	0.31	0.32	0.32	0.27	0.29	0.34	1.07
西南流平均流速/（m·s⁻¹）	0.30	0.32	0.34	0.36	0.33	0.30	

2.4.3　京唐港潮流数模计算成果

由于现场水文测验工作需要投入大量人力物力，所得资料的可靠性不仅与人员素质有关，还受制于气象、仪器等众多因素，所得数据也往往有限。这时利用经过现场资料验证过的模型，可以克服上述不足，更易获得规律性成果。

文献 [4] 计算了典型潮（中潮）条件下京唐港海域潮流场，不同水深处采样点平均流速列于表 6。表 6 中大潮流速值系参考现场水文测验资料，按中潮值的 1.5 倍考虑。

表 6   京唐港附近海域数学模型计算不同水深处全潮平均流速及摩阻速度

采样点编号	9 号	10 号	11 号	13 号	24 号	17 号	47 号	外延	外延
水深/m	-1.0	-2.0	-3.0	-4.0	-6.0	-8.0	-9.0	-12.0	-15.0
中潮平均流速/（cm·s⁻¹）	14	17	19	23	27	29	30	32	33
大潮平均流速/（cm·s⁻¹）	21	26	29	35	41	44	45	45	50

文献［5］应用数学模型模拟了京唐港 50 年一遇风暴潮过程，结果表明在强风暴潮条件下潮流具有单向流特征，与风向相同的西南向潮流远大于东北向潮流，最大可达 0.9 m/s（图 12）。可以认为，在恶劣气象条件下大风浪是导致近海宽阔的粉砂质岸滩泥沙悬扬的主要动力，而风暴潮流主要起输运泥沙的作用。

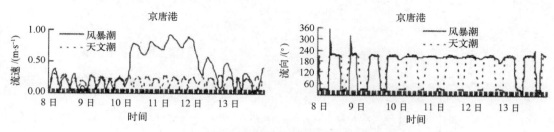

图 12   京唐港风暴潮流速流向

2.5   京唐港海域潮流场与波浪场强度比较

2.5.1   京唐港海域代表波要素

为比较潮流与波浪对岸滩泥沙运动的影响，波要素分别考虑正常气象条件下的中、小风浪条件以及恶劣气象条件下的大风浪。根据京唐港实测波浪资料及文献［6］波浪场数学模型计算成果，并参考临近的曹妃甸有关研究成果[7]，选用京唐港海域代表风浪要素见表 7。

表 7   京唐港海向来浪典型深水波要素

	小浪	（2 年一遇）中浪	（20 年一遇）大浪 1	（50 年一遇）大浪 2
波高 H/m	1.2	2.5	4.5	5.8
波周期 T/s	5.0	7.0	9.5	11.0

2.5.2   京唐港海域潮流场与波浪场强度比较

依据表 7 波浪条件，计算得不同水深处的波浪摩阻速度，结果列于表 8。表 8 中同时列出大潮潮流摩阻速度。此外，依据图 3 中水深和粒径条件，应用窦国仁泥沙起动公式计算了京唐港海域不同水深处泥沙起动临界摩阻速度[8]。为便于比较，将表 8 中数据绘制成图 13。可以看出：京唐港海域潮流场强度远小于波浪场。

表 8   京唐港附近海域不同风浪条件下各处摩阻流速（cm/s）

水深/m	-1.0	-2.0	-4.0	-6.0	-8.0	-10.0	-12.0	-15.0
小浪摩阻速度	3.64	3.64	2.87	2.41	2.06	1.77	1.52	1.21
中浪摩阻速度	3.40	3.98	4.06	3.55	3.19	2.91	2.67	2.37
20 年一遇大浪摩阻速度	3.17	3.74	4.38	4.61	4.22	3.92	3.68	3.38
50 年一遇大浪摩阻速度	3.06	3.62	4.25	4.65	4.70	4.39	4.14	3.84
大潮潮流摩阻速度	1.00	1.07	1.28	1.41	1.44	1.47	1.49	1.49
泥沙临界起动摩阻速度	1.05	1.33	1.92	2.09	2.56	3.37	3.96	5.53

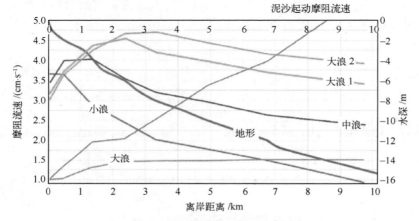

图 13   京唐港潮流场与波浪场之比较

由表 8 和图 13 可以看出：京唐港海域潮流场动力作用远小于波场；随着波浪强度的增大，床面泥沙活动的范围（及水深）也随之增大。

3   京唐港海域含沙量场和泥沙运动

3.1   京唐港海域含沙量场特点

3.1.1   现场资料分析

3.1.1.1   5 级风及以下的小风天，水体含沙量较低，随着水深的增大，含沙量逐渐减少

表 9 和表 10 分别为 1986 年和 2000 年两次水文测验期各测站垂线平均含沙量情况（测点位置如图 11 所示），可以代表小风天含沙量情况。在较小波浪条件下，近岸带（水深 -4 m 以浅）含沙浓度为 0.15~0.20 kg/m³；在 -7 m 附近海域含沙浓度为 0.07 kg/m³ 左右；水深 -8 m 处含沙浓度为 0.05 kg/m³ 左右。即小风浪动力条件下，深水区泥沙活动性十分微弱。

表 9　1986 年 10 月各测站平均含沙量（kg/m³）

测站	1 号	2 号	3 号	4 号	5 号	6 号	7 号	8 号
水深/m	-3.2	-5.0	-7.3	-3.5	-7.0	-2.0	-4.0	-6.0
1986 年 10 月 18 日	0.188	0.173	0.105	0.245	0.046	0.190	0.227	0.115
1986 年 10 月 22 日	0.100	0.071	0.068	0.178	0.110	0.261	0.197	0.161
1986 年 10 月 25 日	0.109	0.073	0.058	0.074	0.044	0.121	0.095	0.078
三次平均	0.132	0.106	0.077	0.166	0.067	0.191	0.173	0.118

表 10　2000 年 9—10 月京唐港各测站平均含沙量（kg/m³）

测站	1 号	2 号	3 号	4 号	5 号	6 号	气象波浪条件
水深/m	-7.0	-7.0	-7.0	-8.5	-8.5	-8.5	（4 号船上目测）
2000 年 9 月 28 日	0.044	0.050	0.044	0.034	0.052	0.030	平均波高 1.2 m，风：4~5 级
2000 年 10 月 6 日	0.054	0.082	0.071	0.055	0.056	0.042	平均波高 1.8 m，风：6~7 级

3.1.1.2　强风浪条件下深水区含沙量急剧增大

自 1993 年 11 月 6 日起，京唐港海域受到北向寒潮大风侵袭，11 月 15—16 日风速 10.7 m/s，最大风速 15~17 m/s，平均波高 2.2~3.2 m，最大波高 2.8~3.9 m。表 11 为 7 级大风后 11 月 20 日及 28 日测得各站位垂线平均含沙量情况，其间风、浪条件如图 14 所示。可以看出，除 1 号测站外，不同水深处含沙量均为 1.2 kg/m³ 左右，深水区含沙量增幅远大于浅水区。由图 13 可知，前期 3.9 m 波高的大浪可以引起 -11 m 以浅岸滩泥沙运动。

表 11　1993 年 11 月京唐港各测站平均含沙量（kg/m³）

测站	1 号	2 号	3 号	4 号	5 号	6 号	气象波
水深/m	-1.0	-1.5	-5.5	-9.0	-2.2	-7.3	浪条件
1993 年 11 月 20 日	0.308	1.227	1.254	1.144	0.975	1.191	平均风速 5.6m/s，平均波高 0.7m
1993 年 11 月 28 日	0.039	0.135	0.271	0.333	0.231	0.255	平均风速 3.9m/s，平均波高 0.5 m

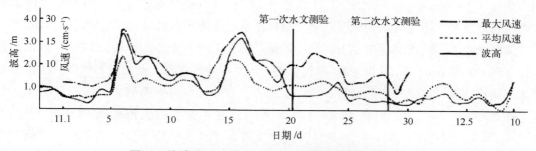

图 14　京唐港 1993 年 11 月水文测验期间风、浪情况

11 月 28 日进行第二次水文测验时，各测站含沙量已降至 0.25 kg/m³ 左右。

3.1.2 京唐港海域风浪与含沙量关系进一步分析[3]

表 12 为港区附近一个固定断面处实测含沙量情况。表 13 为风与含沙量关系的初步分析（风系大清河口资料）。可以看出：一年中大部分时间（约 70%）为 3 级以下的中小浪，含沙量很低。在强风浪季节，如 5 级以上的大风浪虽然发生时间仅一个月左右，但较高的含沙浓度及较强的波生流，将使输沙量大大增加，是控制岸滩地貌特征和冲淤演变趋势的重要动力因子。

表 12　京唐港"固 2"断面处平均含沙量（kg/m^3）沿等深线分布情况

施测时间	取样位置	−1.0 m	−3.0 m	−5.0 m	−7.0 m	备注
1986 年 10 月	固 2	—	0.140	0.072	0.063	
1987 年 12 月	固 2	0.480	0.450	0.380	0.340	风向 WSW，风速 8 ~
		0.530	0.460	0.370	0.320	9.5 m/s（5 级风）
1988 年 4 月	固 2		0.025	0.017	0.005	风向 SW，风速 4~5 m/s
			0.037	0.015	0.003	（3 级风）
1993 年 11 月 20 日	—	1.227 (−1.5 m)	—	1.254 (−5.5 m)	1.191 (−7.2 m)	风向 NNW，平均最大风速 11.0 m/s

表 13　京唐港风与含沙量关系

风级	风速 / ($m \cdot s^{-1}$)	频率/%	波能所占比例/%	波高范围/m	−3 m 处平均含沙浓度/ ($kg \cdot m^{-3}$)	−5 m 处平均含沙浓度/ ($kg \cdot m^{-3}$)	−7 m 处平均含沙浓度/ ($kg \cdot m^{-3}$)
0~2 级	0.0~3.3	42.97	4.44	≤0.5	0.025	0.015	0.003
3 级	3.4~5.4	29.98	22.02		0.037	0.017	0.005
4 级	5.5~7.9	16.65	28.34	0.5~1.5	0.140	0.072	0.063
5 级	8.0~10.7	7.25	24.05	1.5~3.0	0.450	0.380	0.340
5 级以上	≥10.7	3.14	21.12	≥3.0	≥1.25	≥1.25	≥1.25

需要说明，在大风浪（5 级风以上）季节，要实测海域水体含沙量是十分困难的工作，船上作业几乎不可能（也不允许），一般只能是大风浪后船只走航测量。粉砂质泥沙沉速较大，风浪减弱后迅速落淤，此时观测到的含沙量已不能正确反映大浪期间的含沙量。

离京唐港不远的黄骅港岸滩为淤泥粉砂质岸滩，岸滩坡度 1/3 000~1/2 000，底质中值粒径 0.01~0.03 mm，自 20 世纪 90 年代中期，为了筹建黄骅港，开始进行研究，大部分结论认为港池和航道内泥沙年回淤量 $5×10^6$ m^3 左右。在这些研究的基础上，1997 年开工，一期工程 2001 年竣工。在 2003 年 10 月渤海湾风暴潮期间，数天内航道中骤淤了近 $1×10^7$ m^3，远远大于原先认定的年回淤量。为此又进行了许多研究工作，其中较有价值的为大风浪期间现场含沙量场的观测资料。利用放置在床面的浊度仪发现[9]"在 6 级大风作用下，底层明显存在大于 5 kg/m^3 高浓度含沙层，……如 2003 年 4 月 17 日观测到底部最大含沙量为 40 kg/m^3，10 月 7 日为 20 kg/m^3，含沙量大于 10 kg/m^3 的水体厚度小于 1.5 m，风后含沙量衰减较快，风后 16 小时底部含沙量就衰减到 1.0 kg/m³左右"。除了大风强度这一指标外，风期的长短对含沙浓度也有重要影响。

掌握大风浪条件下粉砂质岸滩各处含沙量，特别是底层高浓度的特点，是分析估算粉砂质岸滩大风浪条件下挖槽内骤淤量的关键。

3.2 京唐港海域沿岸输沙率计算[3]

如前所述，京唐港近岸 1 km 范围内（0~−3 m）主要为 0.1~0.2 mm 的细沙，岸滩坡度大致为 1/100~1/50，为典型的沙质岸滩；在正常气象条件下近岸区的沿岸输沙是京唐港海域主要泥沙运动。现根据 1993—1995 年波浪记录，采用 CERC 公式计算京唐港近岸区的沿岸输沙率（m³/s）：

$$Q_1 = 0.101\ 2H_b^2\ c_{gb}\cos\alpha_b\sin\alpha_b$$

式中：H 为波高；c 为波速；c_g 为波群速；α 为波峰线与岸线之间夹角，下标 b 表示破碎波条件。

应用上式，算得各月两个沿岸方向输沙率并绘成图 15。可以看出，当地自 NE 向 SW 方向输沙占优势，季节上主要集中在 11 月、12 月及 3 月。

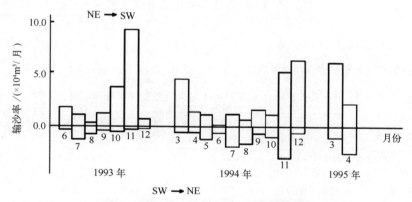

图 15　京唐港 1993—1995 年沿岸输沙率

表 14 为根据图 11 算得 1987 年及 1993—1994 年沿岸输沙率情况。由表 14 可知，京唐港附近海岸在强风年时，自北向南净输沙为每年（30~35）×10⁴ m³，小风年为（15~20）×10⁴ m³。

表 14　京唐港沿岸输沙率（×10⁴ m³/a）

年输沙率	1993 年 6 月至 1994 年 5 月	1994 年 6 月至 1995 年 4 月	1987 年 3—11 月
NE→SW	25.12	25.91	38.16
SW→NE	4.83	10.84	6.65
净输沙率（NE→SW）	20.29	15.07	31.54
总输沙率	29.95	36.75	44.81

需要指出，虽然统计意义上 1993 年为"小浪年"，年沿岸总输沙率仅 30×10⁴ m³ 左右，

但11月大浪达到50年一遇强度（表3），导致离岸2.3 km附近航道发生泥沙骤淤，骤淤量远大于表14中计算值，说明沙质-粉砂质的京唐港岸滩泥沙运动不同于典型沙质岸滩的沿岸输沙现象。

3.3 京唐港航道泥沙回淤

3.3.1 京唐港航道回淤概况[10]

根据1992—2001年多次航道地形检测资料分析可知，正常气象条件下，整个航道每月平均淤厚仅5~10 cm，换算为年回淤率为0.5~1.2 m/a（表15）。

表15 1992—2001年正常气象条件下京唐港航道回淤厚度（m）

航道轴线桩号/m	000~500	500~1 000	1 000~1 500	1 500~2 000	2 000~2 500	2 500~3 000	3 000~3 500	3 500~4 000	4 000~4 500	4 500~5 000	月平均淤厚
1992年3—5月	0.27	0.24	0.38	0.22	0.03	0.13	—	—	—	—	0.07
1993年6—10月	0.14	0.10	0.48	0.44	0.33	0.10	—	—	—	—	0.05
1994年3—12月	0.36	0.42	0.91	0.99	0.98	0.87	—	—	—	—	0.06
1998年11月至1999年11月	0.50	0.70	1.10	1.40	1.50	1.30	1.00	0.90	0.90	0.50	0.09
2000年4月至2001年4月	0.30	0.30	0.90	1.30	1.30	0.70	1.10	0.70	0.10	0.10	0.68

每年秋、冬季寒潮大风浪条件下，（离岸1~7 km范围）宽阔的粉砂质岸滩床沙大量运动，导致京唐港外航道泥沙回淤量剧增，发生局部骤淤现象（表16）。

表16 1992年、1993年及2003年秋、冬季异常气象条件京唐港航道骤淤情况（m）

航道轴线桩号	000~500	500~1 000	1 000~1 500	1 500~2 000	2 000~2 500	2 500~3 000	3 000~3 500	3 500~4 000	4 000~4 500	4 500~5 000	全航道平均淤厚
1992年11月	0.64	1.20	1.32	2.24	2.62	1.32	—	—	—	—	1.50
1993年11—12月	0.46	0.40	1.00	0.80	1.50	0.90	—	—	—	—	0.84
2003年10月骤淤量	0.84	0.89	0.94	0.99	2.20	3.10	4.70	3.00	2.00	1.34	1.70
2000年年回淤率	0.30	0.30	0.90	1.30	1.30	0.70	1.10	0.70	0.10	0.10	0.68
2003年10月骤淤量与2000年年回淤量比值	2.80	3.00	1.00	0.76	1.69	4.43	4.27	4.29	20.0	13.4	2.50

2003年10月的50年一遇强风浪条件下，京唐港全航道平均淤厚为1.7 m，是2000年全航道全年回淤量的2.5倍。其中0+2 500~0+4 000航段中大风浪骤淤量为正常年回淤量的4.3倍。而0+4 000~0+5 000范围（天然水深为7~8 m），在正常气象条件下几乎没有泥沙回淤，大风浪时骤淤厚达1~2 m，相对比值就高达20。粉砂质海岸入海航道内泥沙骤淤现象已无法用经典的沿岸输沙理论来计算和解释（此外，按照海岸动力学理论，沙质海岸沿岸输沙主要淤积在东挡沙堤的外侧，而不是淤积在深水航道内）。

3.3.2 京唐港航道历次发生骤淤大事记

（1）1990年"航道试挖段"的骤淤[11]。

1990 年 5 月在航道（0+100~1+500 m）范围曾进行"试挖"，后将开挖前的地形测图与 1991 年 3 月测图对比，"发现航道试挖段（−5 m 以浅 0+900 m 位置）发生了骤淤，航道内已基本淤平，最大淤厚 4.2 m，总淤积量约 20×10⁴ m³"。设计单位分析认为主要由沿岸输沙引起，决定用环抱式防波挡沙堤进行拦截沿岸输沙。

（2）1992 年 10 月风暴潮引起的航道骤淤（图 16，表 18）。

1992 年 10 月京唐港曾发生风暴潮，12 月在 0+2 000 m 处发生船舶搁浅，检测发现航道 0+500~0+3 000 m 范围普遍淤厚 1.5 m 以上，在 0+1 800~0+2 200 m 范围内淤厚 3 m 以上。这种淤积现象已无法用沙质海岸"沿岸输沙"机理来解释。建设单位根据淤积部位特点，提出了"沿堤流输沙"的看法，1993 年 7 月自东挡沙堤 0+1 500 m 处向 SE 向修建"挑流堤"[11]。

（3）1993 年 11 月寒潮大风引起的航道骤淤（图 16，表 18）。

1993 年 6 月至 10 月期间，0+000~0+3 000 m 范围航道内平均淤厚 0.27 m，最大淤厚 0.60 m。但 11 月中旬受到寒潮大风侵袭，11 月 15—16 日风速 10.7 m/s，最大风速 15~17 m/s，平均波高 2.2~3.2 m，最大波高 2.8~3.9 m（图 15）。航道内平均淤厚为 0.84 m，在 0+2 100~0+2 600 m 范围内平均淤厚近 2 m，最大淤厚 2.5 m。由底质取样资料分析可知，航道回淤最严重范围内（0+2 100~0+2 300 m）底质主要为 0.07~0.08 mm 的粗粉砂。

（4）2003 年 50 年一遇风暴潮引起航道骤淤（图 16，表 18）。

2003 年 10 月 10—12 日，一次强冷空气东移南下，渤海海域发生增水剧烈的寒潮过程，10 月 17 日整个渤海湾发生强风暴潮，外海深水波浪达到 50 年一遇的大浪[5]。这次风暴潮造成航道平均淤厚 1.9 m，2+750~3+600 m 之间平均淤厚 4.71 m。

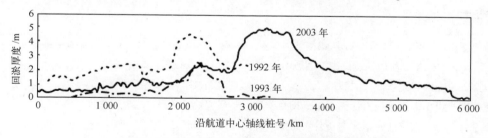

图 16　1992 年、1993 年及 2003 年京唐港航道骤淤厚度纵向分布

3.3.3　京唐港航道回淤特点小结

（1）一般气象条件的正常年份，京唐港航道回淤量为（30~55）×10⁴ m³，年回淤率为（0.5~1.2）m/a。

（2）在强风浪条件下，京唐港海域宽阔的粉砂质岸滩床面泥沙大量悬扬、输移，导致入海外航道发生骤淤。一次 50 年一遇的强风浪导致航道内泥沙骤淤量（75×10⁴ m³）可达正常年份航道年总回淤量的 1.5~2.5 倍。

掌握大风浪条件下粉砂质岸滩各处含沙量，特别是底层高浓度的特点，是分析估算粉砂质岸滩大风浪条件下挖槽内骤淤量的关键。

（3）京唐港航道最大回淤位置不仅与波浪条件有关，也与挡沙堤建设条件有关。

4　结语

（1）滦河是渤海湾地区仅次于黄河的第二条多沙河流，年平均输沙量为 2.156×10^7 t。自全新世以来，滦河的大量入海泥沙，塑造了北至昌黎、南至曹妃甸的扇形三角洲平原；自滦河口至大清河口间的沙堤－潟湖海岸是滦河三角洲的前沿部分（图1和图2）。

（2）波浪是滦河三角洲海岸输沙和岸滩地貌形态塑造的主要动力。在波浪作用下，滦河入海泥沙以"沿岸输沙"形式向南北输移。因渤海湾北向风浪强度大于南向波浪，特别在秋、冬季北向寒潮大风浪条件下，不仅存在宽阔的破波带和"广义沿岸输沙带"，同时发生相对强烈的"横向输沙"，波浪的分选作用导致大量粉细砂离岸输移并沉积在近海区；形成了京唐港海域特有的沙质－粉砂质岸滩地貌形态（图3）。

（3）京唐港海域潮流场动力作用远小于波场；随着波浪强度的增大，床面泥沙活动的范围（及水深）也随之增大（图13）。

（4）在强风浪条件下，水深较大处的粉砂质岸滩床面泥沙大量悬扬，在底层形成高浓度含沙层，是京唐港外航道发生骤淤的主要原因。现场资料表明，一次50年一遇的强风浪导致京唐港航道内泥沙骤淤量（75×10^4 m³）可达正常年份航道年总回淤量的 1.5 ~ 2.5 倍。

（5）掌握大风浪条件下沙质－粉砂质岸滩泥沙悬扬、输移和沉降规律，特别是底层高浓度层的运动特点，是分析估算沙质－粉砂质岸滩大风浪条件下导致挖槽骤淤量的关键，迄今我们仍未掌握得很好。

参考文献

[1] 马仲荃，朱大奎，等. 河北京唐港港池海岸动力地貌与港口建设研究 [J]. 南京大学学报，1990.
[2] 李孟国，曹祖德. 粉砂质海岸泥沙问题研究进展 [J]. 泥沙研究，2009（2）.
[3] 徐啸. 京唐港自然条件及泥沙运动分析 [R]. 南京水利科学研究院，1994.
[4] 匡翠萍. 唐山港潮流数模计算 [R]. 南京水利科学研究院，1994.
[5] 张金善，等. 京唐港海岸寒潮及风暴潮特性研究 [M] //董文才，等. 唐山港京唐港区、粉砂质海岸泥沙研究与整治. 南京：河海大学出版社，2009.
[6] 王红川，等. 京唐港水域波浪数学模型计算 [R]. 南京水利科学研究院，中国海洋大学，2005.
[7] 徐啸，佘小建，崔峥. 近岸取砂对岸滩稳定性影响——波浪动床物理模型试验 [J]. 水道港口，2018（4）.
[8] 窦国仁. 论泥沙起动流速. 水利学报，1960（4）.
[9] 杨华等. 神花黄骅港外航道拓宽浚深波浪潮流泥沙数学模型试验研究 [R]. 天津水运科学研究所，2006.
[10] 徐啸，黄晋鹏. 河北大唐王滩发电厂港池取水工程泥沙问题整体物理模型试验研究 [R]. 南京水利科学研究院，2003，2.
[11] 王成环. 京唐港区起步工程航道淤积与粉砂质泥沙运动研究 [M] //董文才，等. 唐山港京唐港区、粉砂质海岸泥沙研究与整治. 南京：河海大学出版社，2009.

京唐港二期挡沙堤工程泥沙物理模型试验

摘　要： 为解决京唐港入海航道泥沙骤淤问题和寻求挡沙堤合理方案，进行了波、流动床物理模型试验。在物理模型中复演了航道泥沙集中淤积现象，探讨了粉砂质海岸泥沙运动特点，通过 40 多组方案试验，提出了京唐港挡沙堤二期工程推荐方案。文中还讨论了模拟波、流共同作用下粉砂质泥沙运动的比尺效应问题。

关键词： 京唐港；挡沙堤二期工程；沙质–粉砂质海岸；波、流动床模型试验

1　京唐港自然条件

1.1　地理地貌概况[1]

京唐港位于唐山市乐亭县王滩乡，在滦河口与大清河口之间，港口附近岸线大致呈 NE—SW 走向，是我国发育典型的沙坝–潟湖海岸（图 1）。

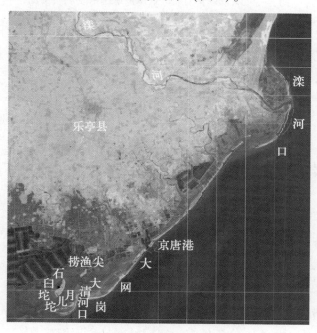

图 1　京唐港地貌

在近岸 1 km（0～-3 m 等深线）范围内的近岸岸滩底质主要为 0.1～0.2 mm 的细沙，离岸 2～4 km（相当于-5～-8 m）范围内主要为 0.06～0.09 mm 的粗粉砂，离岸 4 km（相当于 -8 m 等深线处）以外沉积物较细，以粉土质粉砂（0.01～0.05 mm）为主（图 2）。

京唐港附近岸滩坡度十分平缓，沿岸沙洲外侧岸滩坡度一般为 1/500～1/400。-2～-8 m 等深线范围岸滩坡度大致为 1/430，-8 m 等深线以外更为平缓，大致为 1/750（图 2）。

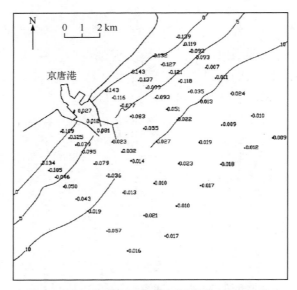

图 2　2004 年京唐港港区近岸海域地形及底质情况

1.2　港口工程建设和航道泥沙回淤

1.2.1　港口工程建设进展

1984 年开始进行京唐港选址工作；1985—1986 年进行地形测量和地貌调查工作。1989 年 8 月 10 日主体工程（挖入式港池，东、西挡沙堤及入海航道）开工。

挡沙堤一期工程于 1991 年竣工，西堤堤头布置在-3.0 m 等深线处，长约 600 m。东堤堤头布置在-5.0 m 等深线处，长 1 840 m，其中东堤 0+1 500 m～0+1 840 m（此为航道中心轴线坐标，如图 3 所示）段为潜堤（堤顶标高-2.0 m）。1993 年 7 月自东挡沙堤 0+1 500 m 处向 SE 向修建挑流堤。1993 年年底前已建成 340 m 长潜堤（顶标高-2.0 m），其中 50 m 为出水堤（图 3）。

1.2.2　京唐港航道泥沙回淤特点[1]

根据 1992—1994 年多次检测资料（表 1）可知，正常气象条件下，整个航道每月平均淤厚 10～15 cm。但秋、冬季大浪条件下，宽阔的粉砂质岸滩床沙在风浪作用下扬动、输

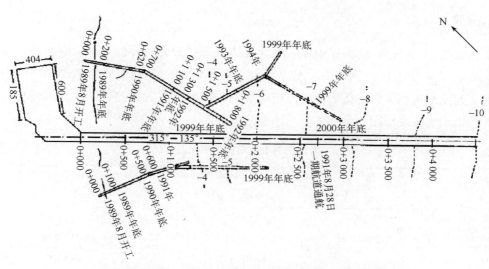

图3　京唐港主体工程情况及挡沙堤工程进展（1989—2000 年）

移，导致航道局部发生泥沙骤淤。例如 1992 年秋、冬季航道 0+500～0+3 000 m 范围普遍淤厚1.5 m 以上，在 0+1 800～0+2 200 m 范围内淤厚 3 m 以上。1993 年 6—10 月，0+000～0+3 000 m 范围航道内平均淤厚 0.27 m，最大淤厚 0.6 m。但经过 11 月寒潮大风，航道内平均淤厚为 0.84 m，在 0+2 100～0+2 600 m 范围内平均淤厚近 2 m，最大淤厚2.5 m。由底质取样资料分析可知，航道回淤最严重范围（0+2 100～0+2 300 m）内底质主要为 0.07～0.08 mm 的粗粉砂。

　　1992 年和 1993 年相继两次寒潮大风（浪）后京唐港航道内泥沙"骤淤"已导致严重碍航事件。为此确定通过物理模型试验设法解决航道泥沙淤积问题，并设法寻求合理的挡沙堤二期工程方案。

表1　1992—1994 年京唐港航道各段泥沙回淤厚度（m）和回淤量（×10⁵m³）

时间 部位（0+）	1992 年 3—5 月		1992 年 5—11 月		1993 年 6—10 月		1993 年 10—12 月		1994 年 3—5 月		1994 年 5—12 月	
	Δh	Q	Δh	Q	Δh	Q	Δh	Q	Δh	Q	Δh	Q
000～500 m	0.27	1.35	0.64	3.20	0.14	0.70	0.46	2.30	0.13	0.65	0.23	1.15
500～1 000 m	0.24	1.20	1.20	6.00	0.10	0.50	0.40	2.00	0.07	0.35	0.35	1.75
1 000～1 500 m	0.38	1.90	1.32	6.60	0.48	2.40	1.00	5.00	0.22	1.10	0.69	3.45
1 500～2 000 m	0.22	1.10	2.24	11.2	0.44	2.20	0.80	4.80	0.17	0.85	0.82	4.10
2 000～2 500 m	0.03	0.15	2.62	13.1	0.33	1.65	1.50	7.50	0.31	1.55	0.67	3.35
2 500～3 000 m	0.13	0.65	1.32	6.60	0.10	0.50	0.90	4.50	1.00	1.00	0.67	3.35
Δh　$\sum Q$	0.21	6.35	1.56	46.7	0.27	7.95	0.84	25.3	0.18	5.50	0.57	17.1

　　注：Δh 为回淤厚度（m），Q 为回淤量（×10⁵m³）；1993 年 12 月航道 0+600～1+600 m 范围内曾疏浚，回淤量系估算。

1.3 波浪

根据 1993 年 6 月至 1995 年 4 月王滩测波站波浪观测资料分析，京唐港波浪常浪向为 ESE（26.33%）、SE（16.14%）、ENE 及 E（均为 13.16%）；强浪向为 ENE 及 ESE。

表 2 为波浪观测资料分析得出的海向来浪中北向浪和南向浪的频率比和波能比，对京唐港泥沙运动起主要作用的是秋冬季北向来的风浪。

表 2　海向来浪中北向浪与南向浪的比例

条件	时段	1993 年 6 月至 1994 年 5 月	1994 年 6 月至 1995 年 4 月
	波向	北向浪 : 南向浪	北向浪 : 南向浪
$H \geqslant 0.0$ m	频率比	1.30 : 1.00	0.91 : 1.00
	波能比	3.04 : 1.00	2.09 : 1.00
$H \geqslant 0.6$ m	频率比	1.69 : 1.00	1.32 : 1.00
	波能比	3.50 : 1.00	2.37 : 1.00

1.4 潮汐水流

港区海域为不正规半日潮，潮差较小，平均为 0.85 m。由 1986 年和 1993 年两次水文测验资料分析表明，当地潮汐具有明显的往复流性质。在海图等深线 -3~-8 m 范围，涨落潮平均流速为 0.2~0.3 m/s。

2　京唐港整体物理模型设计及试验条件[2]

2.1　物理模型的主要要求

（1）能够较好地复演当地海洋动力及泥沙运动规律，模型中应同时考虑波、流和泥沙运动（动床及浑水）；波浪和潮流方向可以斜交。

（2）着重研究入海航道泥沙集中淤积机制及有效的减淤、防淤工程措施。

2.2　模型布置及比尺

根据场地条件及模型相似要求，经过众多因素综合考虑，确定模型水平比尺 $\lambda_1 = 500$，动床范围为：纵向航道两侧各 4 000 m，横向（即离岸方向）自岸边至 -8 m 等深线。模型中可以模拟南、北向来浪作用。模型布置如图 4 所示。

因现场研究海域岸滩坡度为 1/500~1/400，在实验室条件下进行如此平缓的坡度的试验几乎不可能，结合现场波浪条件及以往试验工作的经验，最后确定垂直比尺 $\lambda_h = 80$，即变率为 6.26。由波浪折射相似得波长比尺：$\lambda_L = \lambda_h = 80$。由碎波形态相似要求可得

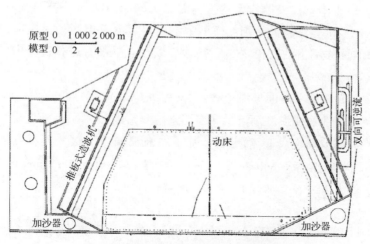

图 4　京唐港物理模型平面布置

$\lambda_H = 60$，可先按 $\lambda_H = 70$ 考虑，试验时根据碎波情况和输沙情况再予以调整。波浪变率 $\dfrac{\lambda_L}{\lambda_H} = \dfrac{80}{70} = 1.14$。

2.3　试验波要素的确定[3]

结合航道回淤资料，模型试验波要素基本以 1993 年 6—11 月波浪条件为依据。

在研究海岸带泥沙运动时，采用波能加权和沿岸波能流加权法计算合成波向角较为合理，综合考虑各方面因素后，最后模型试验波要素如下。

北向来浪

149 原型：　　　$H_p = 1.40$ m，　　　$T_p = 5.54$ s，　　　$\alpha_p = 71°$；

模型：　　　$H_m = 1.95$ cm，　　　$T_m = 0.65$ s，　　　$\alpha_m = 75°$。

南向来浪

原型：　　　$H_p = 0.93$ m，　　　$T_p = 4.97$ s，　　　$\alpha_p = 198°$；

模型：　　　$H_m = 1.35$ cm，　　　$T_m = 0.60$ s，　　　$\alpha_m = 190°$。

2.4　试验潮型选择

根据实测潮流特点及数值计算结果，选用一种基本对称的典型潮型，半潮平均流速 0.3 m/s 左右。考虑到波浪水流泥沙试验的复杂性，还考虑了单向恒定流情况。

2.5　模型沙的选择[2,4]

本研究重点是离岸 4 km（相当于 -9 m 等深线处）范围内入海航道在大风浪作用下泥

沙骤淤问题（图5和图6）；模拟的天然沙主要为0.06~0.09 mm的粗粉砂；本研究与通常进行的波浪沿岸输沙试验有较大差别：模型中不仅要考虑近岸区的沿岸输沙运动，还要模拟近海区波、流共同作用下的"沿堤流"输沙。以往几乎没有进行过类似的试验研究。我们基于以下两点：

（1）研究区域底质属于沙质岸滩范畴；

（2）主要动力条件是波浪，潮流是次要因素。

在水深比尺λ_h和波高比尺λ_H确定后，基于"波浪输沙"这一基本点进行了模型沙选择。模型中采用颗粒密实容重$\gamma_s = 1.33 \text{ g/cm}^3$，中值粒径$d_{50} = 0.13 \text{ mm}$的煤粉作模型沙。有关内容可参看文献［2］、文献［3］及文献［4］。

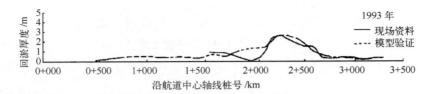

图5　1993年航道回淤验证试验成果

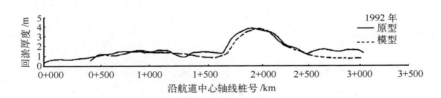

图6　1992年航道回淤验证试验成果

2.6　试验方法

采用先定床后动床的试验方法。定床主要是为率定调试生波系统、潮汐系统及量测系统，验证和测量波、流场。然后通过示踪剂及浑水加沙试验初步确定不同波、流条件下模型中输沙率条件，初步观察了解导致航道回淤原因及泥沙运动特点。动床试验是在定床试验基础上进行的，主要进行航道回淤验证试验和方案试验。

3　物理模型验证

3.1　潮沙水流验证试验

潮汐水流验证试验表明，模型中各测点流速的相位和大小均与现场资料一致。另外，还与数学模型成果进行了对比，两者基本一致。

3.2 泥沙冲淤验证试验

泥沙冲淤验证对象是1993年6—12月外航道回淤过程。1992年5—11月也发生一次比较典型的淤积过程，但缺乏同步实测波浪等资料，只能依据假设的条件进行验证，可以作为补充验证。验证试验结果如图5、图6和表3所示。可以看出，航道回淤部位与量级同实测情况基本一致。重复性也比较好，说明本模型可以较好地预演和复演京唐港航道泥沙运动。一些重要的试验参数，事实上都是在验证中确定的，如波和流的组合方式、加沙量等；泥沙冲淤时间比尺也是通过验证试验确定的。

表3　京唐港航道泥沙回淤验证情况

验证时段	部位	条件	波高 H/m	周期 T/s	回淤范围（航道轴线/m）	最大淤厚 Δh_{max}/m	平均淤厚 Δh/m	总回淤量 Q/（$\times 10^5$ m³)
1993年6—12月	外航道	模型	1.40	5.81	1 700~3 200	2.56	1.13	17.02
		原型	1.40	5.54	1 700~3 200	2.50	1.10	17.40
	内航道	模型	0.98	5.37	500~1 700	1.12	0.61	7.26
		原型	0.93	4.97	500~1 700	1.10	0.65	7.80
1992年5—11月	外航道	模型	1.68	7.10	1 500~3 000	3.64	1.75	26.25
		原型	—	—	1 500~3 000	3.70	2.06	30.90
	内航道	模型	1.15	5.23	500~1 500	1.50	1.12	11.18
		原型	—	—	500~1 500	1.60	1.25	12.50

3.3 验证试验分析

在验证试验中还仔细观测了挡沙堤前水流、泥沙运动特征和航道泥沙淤积过程，分析了泥沙回淤原因。通过验证试验，研究分析了模拟粉砂质岸滩泥沙运动物理模型的"比尺效应"问题。

（1）冲淤时间比尺 λ_{t2} 的确定。

在模型设计时取 $\lambda_{t2} = 322$，经过多次验证试验，发现此比尺基本正确，最后取 $\lambda_{t2} = 312$。

（2）挡沙堤水流和泥沙运动特点。

东堤外破碎区主要发生在−3 m等深线以里，在整个挡沙堤前沿均有强度不等的沿堤流。在东堤轴线500 m处为一分界线，以里水域沿堤流向岸运动，这是东堤堤根回淤的主要原因。在东堤轴线0+500 m以外，沿堤流转向外海，并逐渐加强，分布范围在堤前200~300 m宽水域范围内。在堤轴线0+900~0+1 500 m范围内沿堤流较大，加上堤前波浪反射，波浪紊动剧烈，泥沙基本上均以悬移状态沿堤运动，到达东堤堤头后，水流逐渐扩散，在底部形成高浓度含沙水体，水体中一部分较粗沙首先沉积，并在波浪作用下以推移质形式沿波浪传播方向向航道方向输移。较细泥沙以悬移质形态基本上按沿堤流方向运动（图7和图8）。

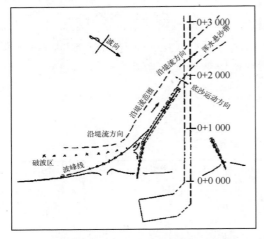

图7　1992年挡沙堤工况和水沙运动特点

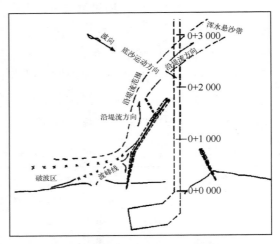

图8　1993年挡沙堤工况和水沙运动特点

在模型中还可以清楚地观察到，沿堤流离开挡沙堤堤头后，形成宽约500 m的高浓度含沙带，在波浪作用下向航道方向运动。

（东堤头以外的）外航道泥沙淤积强度主要受控于北向风浪，内航道受控于潮流输沙和南向风浪输沙。在1992年工况条件下，北向风浪的影响范围为1 600~2 700 m的航道。1993年时因挑流堤作用，北向波浪影响范围为1 600~3 200 m。

表4是验证试验中航道各处泥沙粒径分布情况。可以看出，自内向外粒径变细，回淤量最大处为0.12~0.13 mm，按比尺换算与现场情况基本一致。

表4　物理模型中航道淤积体泥沙中值粒径

桩号	1 500~1 700	1 700~1 800	2 000~2 100	2 200~2 300	2 600~2 700
d_{50}/mm	0.155	0.140	0.130	0.112	0.112

（3）波浪输沙模型比尺效应引起的局部偏差。

在变态模型中，若满足折射相似（即$\lambda_L = \lambda_h$）则不能满足绕射相似，即波影区波浪形态无法完全相似。从验证试验情况来看，堤后波影区波高偏大，这也势必影响到波影区泥沙的输移规律，包括淤积部位和淤积量。验证试验证明上述局部偏差并不影响本模型的主要成果，从回淤量来看，也偏于安全。

（4）对试验波浪条件的限制。

通过验证试验我们还发现，在模拟波浪作用下粉砂质泥沙运动时，不但对轻质模型沙要求十分严格；对试验波浪条件也有一定限制，即波浪强度应与模型尺度以及模型沙条件相适应。经过分析，产生这种"比尺效应"的原因：其一是波浪泥沙模型无法同时满足破浪区内外泥沙运动相似；其二是能够满足常规条件下中小波浪动力条件下的泥沙运动相似要求所选定的模型沙，往往无法满足大风浪条件下的泥沙运动相似。试验表明，在依据粉砂条件选择的模型沙条件下，模型中波浪可调整范围有一定限制，本模型中波高变化范围在 1.2~2.8 cm 较好，要在模型中模拟短时段大浪作用（例如现场 4~5 m 大浪）则比较困难，在大浪条件下模型沙会呈现"粥状"，以至于模型中泥沙运动状态完全失真。为此我们采用较长时段的波高平均值（例如半年平均波要素）来进行试验，通过航道中泥沙回淤验证试验比较，发现还是可行的。

4　京唐港挡沙堤二期工程方案试验[3,5]

4.1　试验波浪条件

方案试验波浪条件基本为两种：一种是 1993 年波浪条件，可以代表弱风浪动力条件；另一种是根据 1992 年地形验证而确定的波浪条件，可以代表较强风浪条件。在进行方案比较试验时，主要以 1993 年波浪条件为准。但在估算回淤量时，应适当考虑大浪条件，即1992 年波浪条件。大风浪条件下航道回淤强度大致为弱风浪条件下的 1.5 倍左右。

4.2　试验成果分析

先后进行了两个阶段试验研究。第一阶段进行了验证试验和 8 组方案试验；在此基础上，第二阶段对京唐港挡沙堤二期工程方案开展了更加全面、深入的试验研究，共进行了9 种主要方案，30 多个组次模型试验。

验证试验表明，京唐港航道内的泥沙回淤有两种主要形式：沿堤流挟运的悬沙落淤和波浪作用下的底沙落淤。为减轻航道内泥沙回淤强度的工程措施，按其功能可分为挑流堤（主要将沿堤流挑向远离航道的深水区）、挡抄提（主要是拦截波浪作用下输向航道的底沙）和集沙坑。至于航道拓宽，并不能减少航道内总回淤量，但可改善航道内回淤分布，减轻主航道回淤强度。以下分析均按 1993 年 6—11 月波浪条件试验结果进行。

4.2.1　挑流堤和集沙坑的方案试验（图 9）

模型中着重研究了东挡沙堤向 SE 方向延伸的挑流堤作用。试验表明，这种类型挑流堤可以将挟沙"沿堤流"挑向远离航道的深水区，使航道内回淤分布比较分散均匀，对减轻沿堤流输沙引起的外航道集中淤积起一定作用。但此类工程无法阻挡东北向波浪向2 000 m 航道范围内输移底沙。此类方案航道内回淤总量平均为（20~23）×10⁴ m³ 左右，最大淤厚 1.40~1.50 m，平均淤厚 0.5~0.8 m，此外还有以下特点：

（1）出水堤的挑流作用大于潜堤；
（2）堤身越长，挑流作用越明显，减淤作用也随之增大；
（3）集沙坑方案对航道防淤减淤效果不明显；

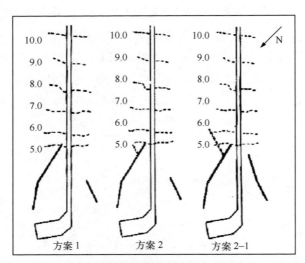

图 9　京唐港挡沙堤二期工程部分方案

（4）从试验情况来看，航道东侧局部拓宽备淤工程并不能减少航道内部回淤量，因局部调整早期回淤量还会稍有增大，但可以改善航道内泥沙回淤分布状况，使主航道范围内平均淤厚减小。

试验证明，拓宽方案对拦截航道内底沙淤积部分作用较好，由于波浪输移底沙范围较大，航道拓宽范围（长度）不宜过小，否则减淤效果不明显。

4.2.2　环抱堤方案试验成果（图 10）

东挡沙堤二期工程从上述挑流堤堤头折向航道（大致沿 S 向延伸），为方便计，称为"环抱堤"方案。试验证明，环抱堤部分可以有效地拦截东北向波浪的底沙输移，从今后泥沙输移变化特点来看，其作用是显著的。此类方案航道内的泥沙总回淤量可减少 $1/3 \sim 1/2$。

（1）由于环抱堤折向航道，在东北向风浪和潮流的综合作用下，堤外侧"沿堤流"强度增大。虽然堤头以内的"内航道"范围回淤量减少，堤头附近外航道内集中淤积强度仍然较大。试验表明，环抱潜堤既可有效拦截东北向风浪引起的底沙输移，又能明显减弱堤外侧较强的沿堤流，使航道内回淤分布更为均匀分散。

（2）为了进一步减缓环抱堤外侧"沿堤流"，可在环抱挡沙堤外不同部位设置不同尺度和形式的"二次挑流短堤"。

4.2.3　推荐方案

优化比选后确定的推荐方案如图 10 所示。方案中西堤二期工程部分为出水堤，部分为潜堤。推荐方案条件下，外航道最大淤厚 0.80 m 左右，平均淤厚 0.40 m，航道年总回淤量 10.40×10^4 m³ 左右。航道内泥沙回淤分布情况如图 11 所示。

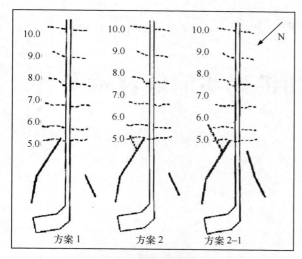

图10　推荐方案布置示意

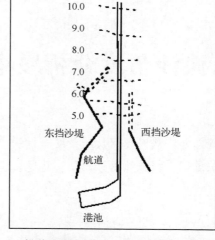

图11　推荐方案条件下入海航道内泥沙回淤分布

5　结　语

京唐港岸滩底质主要为极细沙和粗粉砂，岸滩坡度平缓（1/1 000~1/450），是典型的沙质–粉砂质海岸。京唐港的建港经验对我国今后在沙质–粉砂质海岸建设大、中型港口具有重要的现实意义。本物理模型试验工作完成于1994—1995年，尽管模型中较好地实现了波、流同时作用（斜向相交）的模型设计、制作、验证试验和方案试验。但因对沙质–粉砂质岸滩的泥沙运动机制以及相应的模型相似理论、比尺效应认识，试验技术和试验方法等方面均不够完善，许多问题还在探索之中。模型试验得出的有关结论也需要在工程实践中得到进一步检验。

参考文献

［1］徐啸．京唐港自然条件及泥沙运动分析［R］．南京水利科学研究院，1994.

［2］徐啸．京唐港物理模型比尺设计及模型沙选择［R］．南京水利科学研究院，1994.

［3］徐啸，等．京唐港挡沙堤二期工程整体模型试验研究（一）［R］．南京水利科学研究院，1994.

［4］徐啸．波、流共同作用下浑水动床整体模型的比尺设计及模型沙选择［J］．泥沙研究，1998（2）.

［5］徐啸，等．京唐港挡沙堤二期工程整体模型试验研究（二）［R］．南京水利科学研究院，1995.

（本文主要内容刊于《唐山港京唐港区粉砂质海岸泥沙研究与整治》，2009）

从泥沙角度分析绥中油港码头海域波浪条件

摘　要：从泥沙运动的角度分析绥中油港码头海域的波浪能量分布特点。
关键词：绥中油港；泥沙；波能比

1　工程海域环境概况

绥中基地油港位于北纬 40°03′18″，东经 120°02′27″，河北省北部芷锚湾内；工程区海岸大致为 ENE—WSW 走向的弧形海岸；西端为环海寺岬角，是典型的"半心形"的岬角-海湾型沙质海岸地貌形态。绥中油港码头工程位置大致在强流河东侧（图 1）。港区附近岸滩比较平缓，−2 m 等深线以内的岸滩平均坡度约为 1/250，向外岸滩坡度逐渐变缓。

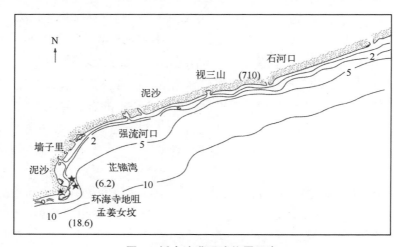

图 1　绥中油港码头位置示意

2　研究内容

通过对芷锚湾海洋站 1963—1992 年波浪观测资料统计分析，掌握工程附近海域波浪在空间和时间上的分布情况；在此基础上，确定对岸滩泥沙运动影响较大的波浪条件，以便为港区波场计算和分析泥沙运动时提供基本参数和边界条件。

3 芷锚湾海洋站波浪观测资料统计分析

芷锚湾测波站位于芷锚湾西端环海寺岬角附近开敞海域（北纬 40°00′，东经 190°55′）；距拟建油港工程约 9 km，测波点水深 5 m，为目测，精度较差；资料年限为 1963—1992 年。

在分析中发现，前 20 年资料精度相对较差，后 10 年资料相对可靠一些。因此，分别用 30 年（1963—1992 年）和 10 年（1983—1992 年）资料进行统计分析。

3.1 波型

由芷锚湾 1963—1992 年观测资料分析可知，港区附近以风浪为主，占 71%，涌浪占 30.6%。各月分布差别不大，6 月和 7 月涌浪稍多，冬季和翌年 3 月风浪稍多。全年最多风浪向为 SSW（25.17%）和 SW（13.44%），最多涌浪向为 SW（22.35%）和 S（15.37%），常风浪向和常涌浪向基本一致，并且随季节变化大致相同。春、夏季以 SSW 和 SW 向为主，秋、冬季 NE 向与 SSW 向频率相当，涌浪强度大于风浪。

3.2 芷锚湾波浪频率分布统计分析

从 1963—1992 年波浪各向频率分布情况（表 1）可见，常浪向为 SSW，强浪向（利用波高加权计算出波能比）与常浪向基本一致，为 SSW。

表 1 芷锚湾各级各向波浪频率（%）分布

波高/m	N	NNE	NE	ENE	E	ESE	SE	SSE	S	SSW	SW	WSW	W	WNW	NW	NNW	C	累加值/%	波能比/%
0.0~0.3	0.16	0.20	0.20	0.11	0.23	0.30	0.22	0.36	0.64	0.76	0.48	0.14	0.10	0.07	0.08	0.07	8.96	13.06	0.51
0.3~0.6	0.60	1.56	2.54	1.50	2.35	2.08	1.85	1.64	3.63	7.71	4.20	1.79	0.63	0.40	0.35	0.28	0.11	33.19	11.77
0.6~0.9	0.36	1.69	3.10	1.91	2.20	1.48	1.21	1.24	2.82	9.18	4.87	2.09	0.35	0.14	0.12	0.13	0.10	32.99	32.49
0.9~1.2	0.07	0.77	1.26	0.85	0.57	0.30	0.25	0.38	0.83	4.04	1.96	0.92	0.10	0.03	0.02	0.01	0.01	12.38	23.89
1.2~1.5	0.02	0.48	0.90	0.42	0.19	0.13	0.13	0.19	0.39	2.51	1.00	0.36	0.03	0.02	0.01	0.00	0.02	6.41	20.46
1.5~1.8	0.00	0.14	0.24	0.12	0.06	0.03	0.05	0.11	0.14	0.24	0.07	0.01	0.01	0.00	0.00	0.00		1.40	6.68
1.8~2.1	0.00	0.06	0.04	0.01	0.02	0.01	0.04	0.03	0.05	0.15	0.05	0.01	0.01	0.00	0.00	0.00		0.46	3.06
2.1~2.5	0.00	0.01	0.01	0.00	0.01	0.00	0.00	0.01	0.00	0.02	0.00							0.08	0.76
2.5~3.0	0.00								0.01	0.01	0.00	0.01						0.03	0.33
3.0~3.5	0.00																		0.06
频率累加值/%	1.21	4.90	8.24	4.88	5.60	4.35	3.74	3.89	8.48	24.42	12.82	5.36	1.21	0.65	0.56	0.48	9.20	—	—
波能比/%	0.78	6.30	10.55	5.88	5.01	3.50	3.42	3.75	7.94	29.57	14.92	5.96	0.87	0.40	0.30	0.24	0.60	—	—

因岸线走向大致为 ENE—WSW，从泥沙角度来看，NE 向来浪属于离岸浪，对岸滩影响较小，SSW 为海向来浪，对岸滩作用较大。

从波高分布来看，0.3~0.9 m 波浪占 67% 左右，说明芷锚湾波浪强度不大，根据经验，一般波高小于 0.6 m 波浪对沙质海岸泥沙运动影响较小。从波能分布也可见，波高小于 0.6 m 的波浪占 46%，但波能仅占 12% 左右，对当地近岸泥沙运动起作用的主要是波高 0.6~1.5 m 的波浪（频率占 52%，波能占 76.8%）。

3.3　芷锚湾平均波高、平均波周期和最大波高分布情况

从表 2 可见，芷锚湾各向平均波高分布比较均匀。SE 向大浪对岸滩泥沙运动的影响还应适当考虑。

表 2　芷锚湾各向的年平均波高、平均波周期和最大波高分布

	N	NNE	NE	ENE	E	ESE	SE	SSE	S	SSW	SW	WSW	W	WNW	NW	NNW	C
$\overline{H}/\mathrm{m}$	0.55	0.78	0.78	0.77	0.66	0.62	0.64	0.65	0.66	0.76	0.75	0.74	0.59	0.54	0.50	0.50	0.66
$\overline{T}/\mathrm{s}$	2.7	3.1	3.2	3.2	3.0	3.0	3.1	3.1	3.1	3.2	3.1	3.2	2.8	2.8	2.6	2.6	3.10
$H_{\max}/\mathrm{m}$	2.4	2.4	2.9	2.3	2.5	3.3	3.6	2.9	3.2	2.9	2.8	2.5	1.8	1.6	1.6	1.1	1.4

3.4　波浪的季节变化

从 1983—1992 年每年的 3—11 月各向波浪分布频率（表 3）可见，3—8 月的常浪向、强浪向均为 SSW，9 月以后，NE 向来浪逐渐增加。4—7 月 NE 向来浪频率一般不大于 6%，8 月以后 NE 向来浪频率逐渐增大；10 月和 11 月 NE 向来浪频率已大于 SSW 向来浪。

由以上分析可以认为，每年 4—7 月波浪对近岸带泥沙运动作用较强，冬季较弱，即夏季泥沙运动强度要大于冬季和春秋季节。

表 3　每年 3—11 月各向波浪频率（%）分布

月份	N	NNE	NE	ENE	E	ESE	SE	SSE	S	SSW	SW	WSW	W	WNW	NW	NNW	C
3	0.75	8.01	10.34	5.67	4.17	4.00	2.84	1.75	4.25	23.52	13.26	5.25	0.50	0.75	0.42	0.08	14.43
4	0.25	4.42	5.86	5.01	2.63	2.80	2.80	4.33	6.20	30.93	15.38	5.44	0.68	0.51	0.34	0.42	11.98
5	0.08	3.63	5.78	7.18	2.39	3.96	3.80	4.13	5.78	28.90	11.07	5.12	0.17	0.50	0.33	0.50	16.68
6	0.43	0.69	4.29	4.03	2.92	3.52	5.67	6.27	7.90	31.85	11.50	3.52	0.02	0.09	0.17		16.91
7	0.00	1.06	6.22	4.18	1.15	4.34	4.24	8.68	30.79	10.73	4.10	0.16	0.00	0.08	0.16		19.00
8	0.16	3.96	11.89	3.40	4.53	5.18	3.72	4.69	6.15	23.79	9.39	3.64	0.02	0.00	0.00		19.17
9	0.83	5.17	12.09	4.92	3.50	3.59	2.84	3.42	5.50	21.68	11.93	6.34	1.08	0.08	0.67	0.50	15.85
10	1.05	4.38	17.59	4.86	3.51	0.97	2.51	16.53	14.29	12.56	0.73	0.57					13.45
11	1.10	9.54	15.44	7.34	3.54	1.27	1.01	0.25	1.18	8.52	15.02	17.13	2.11	1.86	0.25	0.25	14.18
全年	0.52	4.42	9.98	5.19	3.16	3.44	3.38	3.42	5.35	24.03	12.52	7.01	0.67	0.43	0.32	0.30	15.76

3.5 海向来浪与陆向来浪

如前所述，近岸泥沙运动主要由向岸波浪（即海向来浪）作用引起，离岸浪（即陆向来浪）的影响可忽略不计。按工程区域岸线走向，E、ESE、SE、SSE、S、SSW 和 SW 为海向浪，W、WNW、NW、NNW、N、NNE 和 NE 为陆向浪。据此进行分析 1963—1992 年芷锚湾波浪资料，可得出以下结论：

（1）海向来浪频率为 67.81%，陆向来浪频率为 22.19%，两者比值为 3.06:1。若考虑波能比，海向来浪波能占 73.96%，陆向来浪波能占 26.72%，两者比为 2.77:1。频率比与波能比大致接近，这说明当地波浪强度不大，以中、小浪（波高 0.6~0.7 m）为主。

（2）为便于分析波浪产生的沿岸输沙，以与岸线接近垂直的 SSE 向为界，可将海向浪分成东向来浪（包括 ENE、E、ESE 和 SE 向来浪）和西向来浪（包括 S、SSW、SW 和 WSW 向来浪）。东向来浪频率与西向来浪频率比为 1:2.79。即 3—11 月东向来浪所占天数为 49 d，西向来浪所占天数为 136 d。同样考虑波能比，东向来浪波能与西向来浪波能比为 1:3.42。

东向来浪平均波高 $\overline{H}_{1/10}=0.66$ m，平均周期 $\overline{T}=3.05$ s。

西向来浪平均波高 $\overline{H}_{1/10}=0.74$ m，平均周期 $\overline{T}=3.13$ s。

以上分析说明当地沿岸输沙净方向为自西向东。

（3）各月波浪分布情况如下：

1963—1992 年芷锚湾各月平均波高、平均波周期、海向来浪与陆向来浪的频率比、波能比、东西向来浪的频率比、波能比见表 4，可见各月波能分布比较均匀，若按对海岸泥沙运动作用大小排序，顺序为 4 月、5 月、6 月、7 月、10 月，然后是 9 月、8 月、3 月，最弱是 11 月。

（4）建议计算波要素：西向来浪 $\overline{H}_{1/10}=0.74$ m，$\overline{T}=3.13$ s，主波向为 $\bar{a}=204°$，主波向与岸线间夹角为 49°。一年中计算时段为 136 d。东向来浪 $\overline{H}_{1/10}=0.66$ m，$\overline{T}=3.05$ s，主波向为 $\bar{\alpha}=112°$，主波向与岸线夹角为 40°。一年中计算时段为 49 d。

表 4　各月波浪分布

月份	各月平均		海向平均		陆向平均		海向:陆向 频率比	海向:陆向 波能比	西向:东向 频率比	西向:东向 波能比	西向波		东向波	
	$\overline{H}$/m	$\overline{T}$/s	$\overline{H}$/m	$\overline{T}$/s	$\overline{H}$/m	$\overline{T}$/s					$\overline{H}$/m	$\overline{T}$/s	$\overline{H}$/m	$\overline{T}$/s
3	0.64	3.01	0.69	2.99	0.71	3.05	2.65	2.54	2.67	2.93	0.70	3.00	0.67	2.97
4	0.70	3.10	0.76	3.11	0.74	3.05	4.14	4.23	2.94	4.07	0.70	3.10	0.67	3.04
5	0.75	3.06	0.72	3.08	0.68	2.93	4.47	4.96	3.05	3.91	0.74	3.10	0.66	3.03
6	0.73	3.13	0.71	3.15	0.65	2.93	8.32	9.77	3.21	3.46	0.72	3.15	0.68	3.15
7	0.62	3.07	0.69	3.09	0.65	2.93	8.33	9.54	2.82	2.88	0.69	3.10	0.66	3.05

月份	各月平均		海向平均		陆向平均		海向:陆向 频率比	海向:陆向 波能比	西向:东向 频率比	西向:东向 波能比	西向波		东向波	
	$\overline{H}$/m	$\overline{T}$/s	$\overline{H}$/m	$\overline{T}$/s	$\overline{H}$/m	$\overline{T}$/s					$\overline{H}$/m	$\overline{T}$/s	$\overline{H}$/m	$\overline{T}$/s
8	0.59	2.98	0.66	2.99	0.67	2.94	2.99	3.01	2.28	2.76	0.68	3.02	0.61	2.92
9	0.66	3.12	0.72	3.11	0.74	3.12	2.41	2.31	2.56	3.23	0.74	3.14	0.66	3.05
10	0.74	3.26	0.78	3.25	0.82	3.27	1.80	1.67	2.78	3.81	0.74	3.28	0.70	3.16
11	0.70	3.19	0.75	3.19	0.78	3.20	1.24	1.23	2.78	3.99	0.77	3.22	0.66	3.10
全年	0.66	3.10	0.72	3.11	0.74	3.09	2.79	3.42	2.79	3.42	0.74	3.13	0.66	3.05

3.6 不同重现期波要素的推算

前面分析结果可用来分析计算工程区域一般情况下的泥沙输移规律。众所周知，在一些短时段大浪作用下，可能对岸滩造成不容忽略的影响，为此，需推算不同重现期的波要素。

目前工程界常用耿贝尔分布和威布尔分布。以耿贝尔极值分布为理论基础推算极值的方法主要有矩法、托玛斯曲线公式和最小二乘法等，根据经验，一般情况下托玛斯法和最小二乘法所得结果要比矩法更为合理。表5列出托玛斯法计算结果。

表5 芝锚湾各向不同重现期最大波高（m）

重现期/a	ENE	E	ESE	SE	SSE	S	SSW	SW	WSW
2	1.68	1.58	1.51	1.65	1.74	1.86	2.13	1.93	1.61
10	2.12	2.12	2.29	2.65	2.55	2.66	2.65	2.55	2.09
20	2.29	2.32	2.58	3.03	2.87	2.97	2.86	2.79	2.27
50	2.51	2.59	2.97	3.52	3.27	3.37	3.12	3.09	2.50
100	2.68	2.79	3.25	3.89	3.57	3.66	3.31	3.32	2.68

（原文刊于《水运工程》，2001 年第 6 期）

山东海阳核电厂取水工程泥沙问题试验研究

摘　要：分析了现场大量观测资料并两次到现场进行实地踏勘，在此基础上确定在模型中针对一般气象条件下的泥沙淤积问题和恶劣气象条件下的泥沙集中淤积问题分别采用不同的试验方法，较好地解决了山东海阳核电厂波浪、潮流共同作用下取水工程的泥沙淤积问题。

关键词：核电厂取水工程；波流作用；泥沙问题；物模试验

1　海阳核电厂自然地理环境

海阳核电厂位于山东省烟台市海阳市大辛家镇东南 4 km 的黄海海岸处（图 1）。厂址所在的冷家庄地区岸线走向为 NE—SW，平面上呈犄角状伸向海洋，从地貌形态上看如连岛坝。连岛坝两侧均为呈对数螺线形的典型沙质海湾。东侧为瑟琶口湾，乳山河在此湾东北部入海；西侧为开阔的弧形海湾，分布有姜家石栏和烟墩石栏岬角。

图 1　海阳核电厂地理位置

2   海阳核电厂动力环境

2.1   潮汐水流特点

工程海区潮汐类型属于正规半日潮，多年平均潮差 2.39 m。

根据 1997 年 12 月和 1998 年 7 月两次水文泥沙测验资料分析可知，整个海域水流强度不大，大潮平均流速 0.25~0.30 m/s，中潮平均流速 0.20~0.25 m/s，小潮平均流速0.15~0.20 m/s。近岸区受地形影响，基本为平行于岸线的往复流。

2.2   波浪

根据海阳 1997—1998 年和南黄岛 1992 年波浪实测资料，以及千里岩、石岛 1960—1982 年测波资料分析后可知，海阳核电厂附近海域波浪具有以下特点：

（1）以风浪为主，涌浪为辅，但涌浪强度要大于风浪，大浪主要为涌浪；

（2）主波向基本垂直于工程区岸线走向，大浪主要发生在 S、SSE 和 SE 3 个方向上；

（3）当地平均波高 $H=0.46$ m，波周期 $T=3.7$ s，波浪强度不大，但夏季台风季节及冬季寒潮大风季节，近岸区大浪最大波高 4 m 左右，波浪掀沙作用远大于潮流；但一次台风过程一般为 1~2 天；台风浪近岸主波向为 SSE 向。

2.3   风暴潮

风暴潮引起的增、减水是模型试验重要参数之一。海阳核电厂取水工程区可能最大风暴增水值为 3.42 m，可能最大风暴减水值为-2.88 m[1]。试验极端高水位取可能最大风暴增水值与 10 %超越概率天文潮的叠加，为 5.56 m；同样，试验极端低水位取为-4.98 m。

3   海阳核电厂附近泥沙环境

3.1   沙源

在海阳核电厂厂址附近主要有两条入海河流，东侧乳山河和西侧留格河。经分析，因河流供沙越来越少以及沿岸岬角地形的阻挡，泥沙沿岸输送能够到达厂址的沙量很小。而海源来沙对拟建冷家庄厂址取水口区域泥沙运动和岸滩演变影响甚小。目前，影响厂址的沙源主要是取水工程周围一定范围内海底泥沙的再悬浮。

3.2   底质分布及波浪引起的泥沙运动

工程区距岸 500~1 000 m 范围内为基岩及露裸的岩滩区；距岸 1 000~3 000 m 为黏土质粉砂区，$d_{50}=0.015$ mm；距岸 3 000 m 以外为泥质粉砂区，$d_{50}=0.008$ mm。

波浪作用下的泥沙运动有以下特点：

（1）从平面上来看，工程区两侧海湾为典型的对数螺线形岸线，说明已基本达到平衡稳定状态；

（2）从断面上来看，岸滩坡度相当平缓，工程区两侧海湾带等深线−2 m 以上岸滩坡度为 1/250；−2～−5 m 为 1/500；−5～−10 m 为 1/1 000 左右；工程区前−5～−10 m 为 1/600；在这种平缓的滩面上，波浪向岸传播时将消耗大量波能，波浪经浅水变形和折射后，波向线基本上垂直于岸线走向；

（3）核电厂工程区附近泥沙颗粒较细，主要是黏土质粉砂，在较强波浪作用下将发生悬扬和横向（向岸−离岸方向）运动；在工程区海域条件下，一般以离岸运动为主。

3.3　泥沙含沙量场

3.3.1　一般气象条件下年平均含沙量

海阳核电厂厂址附近海域 1994—1998 年间共有 5 次水文测验资料。

其中以 1997 年冬季和 1998 年夏季水文测验资料较完整，代表性也较好，其含沙量的平均值可用来表征当地海域一般气象条件下年平均含沙量，其值为 0.035 kg/m³。

3.3.2　极端水位气象条件下平均含沙量的确定

应用刘家驹公式[2]，由当地潮汐波浪和水位条件，反算可得极端水位时口门附近的含沙量。当地台风期波高 $H=4.0$ m 时，可算得含沙量 $S=2.5$ kg/m³。

4　海阳核电厂取水工程泥沙模型相似条件及相似比尺

4.1　模型相似准则

通过两次现场实地调查踏勘，了解到海阳核电厂冷家庄厂址附近海岸具有独特的地貌形态：其近岸区为宽阔达 500～1 000 m 裸露的基岩和岩礁，岩礁外缘地势陡降，覆盖着极细的黏土质粉砂和泥质粉砂。当地大潮半潮平均流速为 0.30 m/s 左右。近岸年平均波高 0.46 m，波周期 3.7 s。由此算得，波浪和潮流的摩阻流速均为 1.0 cm/s 左右，即波浪和潮流动力条件均较弱且强度相当。

基于以上认识，在模型设计时进一步考虑了以下一些基本条件和特点。

（1）当地为淤泥质海岸条件，以悬沙运动为主。

（2）在一般水文气象条件下，当地波浪、潮流动力强度均较弱，当地泥沙运动特征为：波、流共同掀沙，潮流和取水水流输沙；半封闭式水域内主要以悬沙回淤为主，水域外的波、流作用主要反映在口门附近的含沙量上。

（3）在极端或恶劣水文气象条件下，泥沙运动特征为：波浪掀沙、潮流和取水水流输沙；由于半封闭式水域内外波能梯度较大，应考虑泥沙集中淤积的可能性。

为此，模型中不仅要能复演一般水文气象条件下的水−沙关系及取水工程附近泥沙运动；还应能复演极端或恶劣水文气象条件下动力泥沙条件。在模拟当地水动力条件时，我们不仅要考虑波浪相似，还需考虑水流运动相似。下面即分别考虑它们的相似要求。

4.1.1   波浪运动相似

（1）折射相似：

$$\lambda_L = \lambda_h$$

$$\lambda_c = \lambda_T = \lambda_h^{1/2}$$

（2）破波形态相似：

$$\lambda_H = \lambda_h \left(\frac{\lambda_h}{\lambda_1} \right)^{2/13}$$

（3）波动水质点运动速度相似：

$$\lambda_{U_m} = \frac{\lambda_H}{\lambda_h^{1/2}}$$

（4）沿岸流相似：

$$\lambda_{v_1} = \lambda_{u_m}$$

（5）绕射相似：

$$\lambda_L = \lambda_1$$

此外，还应满足反射相似，初步考虑防沙堤按正态设计。由于反射相似问题较复杂，还需在试验中调整。

4.1.2   波浪条件下泥沙运动相似[3]

（1）碎波区内岸滩冲淤相似：

$$\lambda_\omega = \lambda_u \frac{\lambda_H}{\lambda_L}$$

（2）破波掀沙相似：

$$\lambda_S = \frac{\lambda_{\rho_s}}{\lambda^{\frac{\rho_s - \rho}{\rho}}} \cdot \frac{\lambda_H}{\lambda_h}$$

4.1.3   潮汐水流条件下的相似要求[4]

在潮汐水流条件下，应满足水力模型基本相似要求，即重力相似、阻力相似和水流运动相似，限于篇幅，这些关系式不一一列出。

在潮汐水流条件下的泥沙运动，首先应满足泥沙冲淤时间相似要求和泥沙沉降相似要求。此外，泥沙运动还应考虑另一些相似要求，如起动相似，挟沙力相似、冲刷率和沉降率相似等。由于目前还未完全掌握这些泥沙运动规律，基本还处于半经验半理论阶段，须用一些半经验公式予以描述，据此得到的相似关系亦不一一列举。

4.2   模型范围和布置、比尺及模型沙的选择

4.2.1   模型范围（图2）

模型南边界为海域"开边界"，确定南边界的条件为：边界走向与涨落潮流方向基本

一致；取排水工程不影响南边界处的天然流态；造波机与取水工程之间保持足够大的距离，一般大于 10 个深水波长；造波机处应具有足够水深。

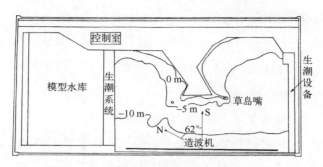

图 2　模型布置示意

综合以上各因素后，参照数学模型计算成果，最后确定南边界位于 −12 m 等深线处，距厂址约 4.5 km。模型东西边界的确定原则如下：主要研究区域（取水工程）离边界足够远，保证主要研究区域内水流相似，而且电厂取排水工程也不会影响东、西边界处天然流态；保证东、西侧海湾范围内波浪折射、绕射相似，最好大于 10 个深水波长；最好具有独立的地貌单元；保证造波机产生稳定的波要素。

根据以上原则选择：西边界距鹁鸪岚 3.5 km，东边界距草岛嘴 3.7 km。

4.2.2　造波机布置方位的确定

模型中造波机的布置应能正确地模拟当地大浪作用。

我们分别应用海阳测波站 1997—1998 年、南黄岛 1992 年波浪资料。计算时采用一般的频率加权的算术平均法、波能加权法和波能流加权法，计算结果见表 1。在研究海岸带泥沙运动时采用波能加权法和波能流加权法计算合成波向方位角更为合理，综合考虑各方面因素后，合成波向角采用 62°，造波机方位基本上平行于岸线走向，即主浪向为 SSE 向，与多次台风浪的近岸主浪向也完全一致。

表 1　计算合成波向角（°）

计算方法	海阳测波资料	南黄岛测波资料
算术平均	76.28	69.18
波能加权	70.42	63.12
波能流加权	61.82	60.33

4.2.3　水平比尺 λ_l 和垂直比尺 λ_h

海阳核电厂取水工程模型场地（图 2）范围为 54 m×27 m，根据场地条件及模型相似要求，经过综合考虑，确定模型水平比尺 $\lambda_l = 350$。本模型还需考虑波浪动力作用，变率不宜太大。结合现场波浪条件及以往试验工作的经验，最后确定垂直比尺 $\lambda_h = 140$，即模型几何变率为 2.5。动床范围为取水工程东西两侧各 10 m;离岸方向自 -5 m 至 -12 m 等深线。总共约 100 m²。

4.2.4 波高比尺 λ_H 及波长比尺 λ_L

由折射相似要求,可得波长比尺 $\lambda_L = 140$,波周期比尺 $\lambda_T = \lambda_c = 11.83$。由碎波形态相似要求可得波高比尺 $\lambda_H = 121.6 \approx 122$。试验时根据碎波情况和输沙情况再予以调整。波浪变率 $\lambda_L / \lambda_H = 1.14$,基本可以满足正态要求。

4.2.5 波浪悬沙沉降运动相似比尺及模型沙的选择

核电厂取水工程海域海底沉积物主要成分为黏土质粉砂,中值粒径为 0.015 mm 左右,悬沙中值粒径为 0.01 mm 左右,说明近期沉积以细颗粒悬沙沉积为主,模型中首先考虑悬沙运动相似。波浪条件下悬沙沉降运动相似比尺:

$$\lambda_\omega = \lambda_u \frac{\lambda_H}{\lambda_L}, \ 可得 \ \lambda_\omega = 4.06$$

根据经验,用木粉可较好地模拟细颗粒泥沙沉降运动。

如采用饱和湿容重为 1.16 g/cm³ 的木粉,当中值粒径 $d_{50} = 0.05$ mm,试验主要在 11 月和 12 月进行,水温为 10~15℃,可算得模型沙沉速 $\omega = 0.014\ 3 \sim 0.012\ 5$ cm/s,沉速比尺 $\lambda_\omega = 3.5 \sim 4.0$,基本上可以满足悬沙沉降运动相似。

5 物理模型试验技术路线

5.1 半封闭型水域泥沙回淤特点[5]

半封闭港口泥沙回淤有其特有的规律,港外海洋动力对港内的影响主要反映在口门附近水域含沙量上。在不取水的情况下潮汐作用是影响半封闭水域泥沙回淤的主要动力条件,在电厂取水情况下,不仅要考虑潮汐水流作用还要考虑取水作用;此外,在强风浪条件下由于掩护区内波浪急剧衰减,可能引起港内泥沙局部集中淤积,这两点是本试验研究的重点内容。

5.2 物理模型试验技术路线

由于工程海域年平均含沙量为 0.035 kg/m³,这种小含沙量只能是无浪或小浪期作用的结果;因此,研究一般气象条件下各工程方案的泥沙淤积问题需采用定床、潮流输沙、不生波的试验方法。

在极端气象情况下,波浪是导致海域高含沙量的主要动力;高含沙水流进入取水工程口门后,波能迅速衰减,水流挟沙力降低,可能引起集中淤积问题。因此,研究极端情况下的淤积问题,需采用动床生波,潮流输沙的试验方法。

6 验证试验

6.1 潮汐水流和含沙量验证

模型中进行了不同季节、不同潮型的潮位和流速、流向过程的验证，证明了模型潮流与天然情况具有较好的相似性。

通过含沙量和断面含沙量分布验证，基本保证了核电厂取水工程海域尤其是取水工程口门处的含沙量的相似。

6.2 回淤率及回淤部位相似验证

模型中用两种途径进行泥沙回淤率和回淤部位验证：一种是根据当地水文泥沙及工程布置条件用刘家驹公式来估算半封闭型港池回淤率[2]，再用它作为验证依据；另一种是应用工程附近避风港实测回淤率进行验证试验。在模型中经反复调试最后得到港内淤积分布及泥沙冲淤时间比尺 $\lambda_{t2} = 580$。

7 试验成果分析

7.1 试验组次

在确定试验组次时应考虑工程方案布置、取排水流量、典型潮的选取及气象条件等。

（1）核电厂共有 9 个取排水流量（表 2），分别代表不同工期、季节和机组的取排水流量。

表 2 取排水流量（m^3/s）

机组	一期	一、二期	一、二、三期
压水堆冬季	70	140	210
压水堆夏季	114	228	342
沸水堆冬季	111	222	333
沸水堆夏季	182	364	546

（2）工程方案有 3 种形式，即港池方案、明渠方案和"S"形方案（图 3）。

（3）典型潮选用冬季大潮。

（4）气象条件包括一般气象条件、一次台风浪条件和极端气象条件。

首先对 3 种设计方案进行一般气象条件及一次台风浪条件下取水区域泥沙回淤试验。在对以上试验成果进行综合分析后，再进行有选择的优化比选，确定优化方案，进行一般气象条件、极端气象条件下取水区域泥沙回淤试验。除泥沙回淤试验外，研究内容还包括取水工程内的水流流态试验和取水泵房前的水面波动观测。

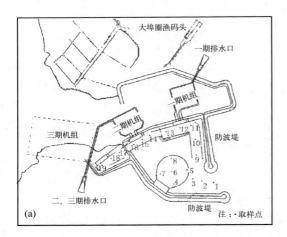 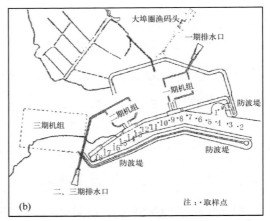

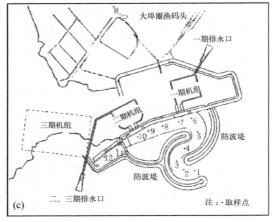

图3   工程方案

（a）港池方案；（b）明渠方案；（c）"S"形方案

7.2   取水工程水域水流形态

在没有取水的情况下，域内水流形态仅受口门外潮汐水流影响。在有取水情况下，港内水流形态完全由取水量所决定，整个取水水域水流由单纯潮汐条件下的涨潮进港、落潮出港水流变成纯进港流；潮汐作用仅仅表现在水位的升降上，同时使进港水流呈现非恒定性，随着取水水量的增大，这一非恒定性逐渐减小。

（1）港池方案港内水流特点：取水后港池内水流流态较为复杂，在东防波堤靠近口门处，始终存在一尺度较大的顺时针回流；在码头以西靠近西防波堤内侧有一尺度较小的逆时针回流。总体上看，港池内水流不顺畅，东防波堤附近的引水渠没有发挥作用，这与数学模型计算结果一致。

（2）明渠方案水流特点：明渠方案取水工程内水流较平顺，但断面流速分布不够均匀，这是由引水渠横断面尺度过大及单侧取水所引起。此外，码头前沿转头地水域始终存在顺时针回流[6]。

（3）"S"形方案水流特点："S"形方案取水工程内水流因受边界约束，水流入港后，由于两堤头之间流路最短，故主流贴近两堤头，呈"S"形运动，在两堤头相对的堤侧均产生局部回流。

7.3 各方案取水水域的泥沙回淤特点

如前所述，由于取水工程水域含沙量很低，在不取水情况下半封闭港池回淤率为 $5\sim6\ cm/a$；取水条件下，更多的泥沙随冷却水入港，港内回淤量加大。

7.3.1 一般气象条件下各方案取水水域的泥沙回淤特点

在一般气象条件下，港池式和明渠式方案年平均淤厚大致相当，"S"形方案最少；总回淤量和最大淤厚都是港池最多，明渠其次，"S"形最少；但从取水泵房前的取水渠中回淤情况来看，港池最少，"S"形居中，明渠最多。

如以压水堆一期及一、二期为例，在一般气象条件下，港池和明渠方案年平均淤厚大致相当（$0.10\sim0.17\ m$），"S"形方案较少（$0.08\sim0.11\ m$）；总回淤量和最大淤厚都是港池较多、明渠居中，"S"形较少；但从取水泵房前的取水渠中回淤情况看，港池较少（$0.014\sim0.027\ cm/a$）、"S"形居中（$0.040\sim0.058\ m/a$），明渠较多（$0.029\sim0.068\ m/a$）。

试验数据分析表明，在各种工况条件下，取水水域年平均淤厚在 $0.20\ m/a$ 以下，最大淤厚 $0.30\ m/a$ 左右，引水渠淤厚 $0.10\ m/a$ 以下。年回淤量最多只有 $4\times10^4\ m^3/a$（沸水堆三期情况）；从泥沙回淤角度来看，回淤量并不大，海阳核电厂取水海域自然条件是比较优越的。

7.3.2 一次台风浪后各方案取水水域的泥沙回淤特点

试验表明，台风浪后各方案回淤率都不大，一次台风浪后港内最大淤厚仅为 $3\sim5\ cm$。由于"S"形方案掩护条件好，波能衰减快，口门淤厚反而最大，港池和明渠方案相当。总之，一般的台风浪对电厂正常取水不会构成影响。

7.3.3 极端气象条件下取水水域的泥沙回淤特点

极端气象条件包括极端高水位（$Z_{max}=5.56\ m$）和极端低水位（$Z_{min}=-4.98\ m$）。波浪条件按破碎波高处理。试验表明，在极端低水位情况下常规岛已无法正常取水。

模型中模拟了极端气象条件下泥沙回淤情况，极端高水位时港内口门处最大淤厚为 $0.30\sim0.40\ m$；平均淤厚为 $0.08\sim0.19\ m$；取水渠最大淤厚为 $0.11\ m$。极端低水位时港内口门处最大淤厚为 $0.30\ m$；平均淤厚为 $0.056\ m$；取水渠最大淤厚为 $0.003\ m$。从泥沙角度来看，极端气象条件下泥沙回淤情况不会影响核电厂的正常运行。

7.4 优化方案选择

从泥沙回淤各种条件来看，明渠方案最差，而"S"形方案除了泵房前取水渠淤厚较大外（但仍比明渠方案小），都比另两个方案好，但"S"形方案也有其不足之处，如弯曲的水道内维护疏浚较困难，而且无法建港，很难对其进一步优化。港池方案虽然回淤量最大，但每年最多也只有 $4×10^4$ m^3/a（沸水堆三期情况），而且主要淤积在口门内的港池航道中，挖泥处理较容易，且港池航道起集沙坑作用，使取水明渠内泥沙淤积最少，对保证核电厂取水绝对正常运行来讲，这恰是最重要的条件。为此我们决定主要对港池方案进行优化，优化方案如图 4 所示。

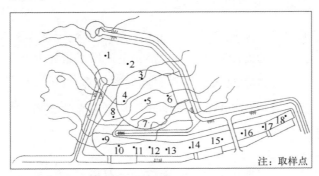

图 4　优化方案

图中数字为采样点

7.5　结论

通过对设计方案和港池优化方案的试验研究，认为港池优化方案无论从水流流态、防波效果还是泥沙回淤等方面都是比较优越的。

（1）优化方案与原港池方案相比：水流流态好；防波效果好；最大淤厚、航道淤厚少；转头地淤厚大致相当；取水渠淤厚尽管稍大一些，但绝对量值很小；而且减少了工程投资。

（2）优化方案与明渠方案相比：防波效果好；建港条件好；最大淤厚、引水渠淤厚少。

（3）优化方案与"S"形方案相比：建港条件好；清淤方便。

总之，从泥沙、流态、波浪掩护角度及航运考虑，推荐港池优化方案作为山东海阳核电厂的取水工程方案，最终方案还需由设计单位综合考虑各种因素后予以确定。

参考文献

［1］核电厂气象规定（试行）. 中华人民共和国电力工业部［S］. 1996.

［2］中华人民共和国交通部港口工程技术规范　附录 N. 淤泥质海岸航道和港池的淤积计算［S］. 1994.

［3］徐啸. 波、流共同作用下浑水动床整体模型的比尺设计及模型沙选择［J］. 泥沙研究，1998（2）.

［4］徐啸. 淤泥质海岸河口悬沙回淤模型试验相似律探讨［J］. 河海大学学报，1994（1）.

［5］徐啸. 海岸河口半封闭港池悬沙回淤规律研究［J］，泥沙研究 .1993（4）.

［6］徐啸. 核电厂取水明渠泥沙回淤分析［J］. 海岸工程，1998（4）.

（原文刊于《第十届中国海岸工程学术讨论会论文集》，2001）

第三部分

沙滩和人工沙滩问题
现场勘测研究

厦门湾岸滩特性现场勘察资料分析

1 概述

有关部门提出在厦门同安湾西岸建设人工沙滩的要求。

在淤泥质岸滩建设人工沙滩是个全新的课题，这方面研究成果甚少。为了使本课题研究建立在扎实的科学基础上，为全面掌握厦门湾沿岸岸滩地貌特征、动力条件及沙滩类型，并在此基础上设法寻求和建立这些参数之间的联系，为同安湾人工沙滩建设可行性研究提供可靠的依据，课题组自 2007 年 1 月开始在国内一些淤泥质岸滩进行现场调查研究工作。结合厦门湾波场、流场数值模拟成果和岸滩地形地貌特点，着重对厦门湾沿岸一些典型岸滩剖面形态特点进行多次详尽的现场调研工作。

2 厦门湾岸滩特性现场勘察工作概况

2007 年 4 月以来，我们多次对厦门湾岸滩特点进行调查，7 月 1—13 日，南京水利科学研究院和南京大学相关研究人员共同进行厦门湾 30 条断面测量，并在各断面上采集底质沙样 90 个，测量断面位置如图 1 所示。根据厦门湾海域地理位置、地形地貌特点和近岸区波浪特点，可将本次现场调研的厦门湾海域分为五大区域：同安湾近岸海域、厦门岛东侧及南侧近岸海域、漳州岛美—后石海域、大嶝岛近岸海域以及泉州围头湾近岸海域（图 1）。

对资料的分析表明，厦门湾岸滩剖面形态特征与当地波浪要素密切相关，为此先简单介绍厦门湾波浪场计算成果。

3 厦门湾海域波浪场分布特点（数学模型计算结果）

厦门湾岸滩剖面特征主要取决于年平均波浪要素，应用数值模型计算厦门湾典型波况（E 向和 SE 向）条件下年平均波浪场分布（图 2 和图 3）。计算结果表明：

（1）波浪从厦门湾口外至口内逐渐减小，围头、流会等外海测站年平均波高 $H_{4\%}$ 为

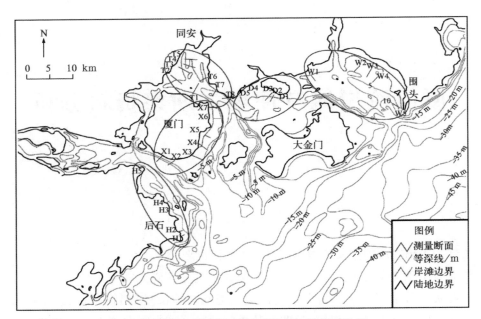

图1　2007年7月厦门湾近岸海域测量断面位置

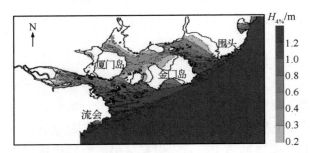

图2　厦门湾E方向年平均波高$H_{4\%}$分布（平均潮位）

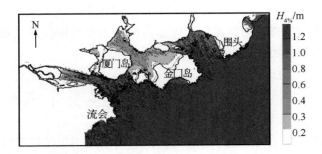

图3　厦门湾SE方向年平均波高$H_{4\%}$分布（平均潮位）

1.0~1.2 m;

（2）漳州后石东侧海域、厦门岛南侧及东南侧海域直接受外海波浪作用影响，年平均波高 $H_{4\%}$ 为 0.8~1.0 m，大磬浅滩测点年平均波高 $H_{4\%}$ 为 0.7~0.8 m；

（3）厦门岛东侧、大嶝岛南侧和同安湾口门附近海域年平均波高 $H_{4\%}$ 为 0.5~0.8 m；

（4）厦门港南港及海沧港区海域年平均波高 $H_{4\%}$ 为 0.4~0.6 m；

（5）同安湾和浔江水域的年平均波高 $H_{4\%}$ 为 0.3~0.4 m；

（6）鼓浪屿北侧水道水域年平均波高 $H_{4\%}$ 为 0.2 m。

4 典型岸滩特征分析

通过对 30 个断面地形地貌及 90 个底质泥沙样品的分析，厦门湾海域岸滩类型总体可以分为 3 种类型：沙质岸滩、（淤）泥质岸滩以及沙泥混合型岸滩。

表 1 为 5 个观测区域的地理位置、地形地貌、岸滩泥沙和波浪动力特点。

表 1　观测断面概况

位置		地理特点	观测断面	岸滩类型	年平均波高/m	平均坡度
同安湾	西侧	湾内掩护条件好	T2~T5	泥质	0.3~0.4	1/800~1/600
	口门	受大、小金门掩护	T1，T6~T8	沙泥混合型	0.5~0.6	1/140
厦门岛东南侧	东南	开敞	X1~X5	沙质	0.8~1.0	1/64~1/27
	东侧	受小金门掩护	X6，X7	沙泥混合型	0.6~0.7	1/209~1/135
漳州岛美—后石海域	后石东	开敞海域	H1~H3	沙质	0.8~1.0	1/30
	后石北	半开敞海域	H4，H5	沙泥混合型	0.6~0.7，	1/150
大嶝岛附近	岛南	受东向风浪影响	D1~D3	沙泥混合型	0.5~0.6	1/290~1/180
	岛西	受当地南向浪作用	D4	泥质	0.4	1/800
围头湾	小嶝	半开敞	W1	沙泥混合型	0.5~0.6	1/215
	围头	开敞海域	W2~W5	沙质	0.8	1/22

说明：本文定义近岸岸滩坡度指厦门大潮平均高、低潮位之间（大致为理论基面高程 1.0~6.0 m 范围）滩面平均坡度。

4.1　典型"沙质岸滩"特点

由典型的 X3 断面（图 4）可以看出：

（1）沙质岸滩坡度较陡，一般为 1/80~1/20；X3 断面位于厦门市亚洲海湾大酒店附近，近岸区潮间带岸滩坡度为 1/50 左右；

（2）此处近岸平均波高为 0.8~1.0 m，周期 5 s 左右，动力条件较为强烈；

（3）近岸带岸滩泥沙粒径为 0.39~1.50 mm，泥沙类型为粗砂。

说明当岸滩近岸平均波浪波高在 0.8~1.0 m 时，可以形成沙质岸滩的动力条件。

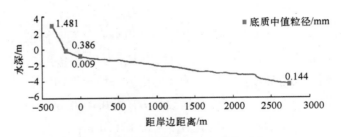

图 4　厦门岛东南海岸 X3 断面形态

图中标注数字为岸滩底质中值粒径，坐标"水深"是以理论基面为准，以下类似图不再说明

4.2　典型"（淤）泥质岸滩"特点

淤泥质岸滩主要分布于同安湾内海域。图 5 为具有代表性的 T3 断面形态，由图 5 可以看出：

（1）断面潮滩宽广，近岸潮间带岸滩坡度接近 1/500，或者更平缓；

（2）波浪场数值表明，当地年平均波高仅 0.3~0.4 m，是厦门湾内波浪较弱的海域；

（3）平均高潮位以下岸滩泥沙粒径在 0.007 mm，为黏性淤泥质泥沙。

说明在厦门湾内，当近岸波浪波高在 0.3~0.4 m 时，往往具备形成泥质岸滩条件。

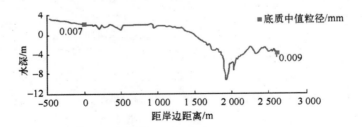

图 5　同安湾西侧 T3 断面形态

4.3　典型"沙泥混合型岸滩"特征

沙泥混合型岸滩主要分布于厦门岛东岸北部海域、大嶝岛海域以及后石北部海域。下面以具有代表性的 X7 断面（图 6）进行分析，可以看出：

（1）X7 断面近岸坡度为 1/135，分析可知，混合型岸滩坡度介于沙质岸滩和泥质岸滩之间，即多为 1/300~1/100；

（2）X7 断面处波浪强度要小于厦门岛东南海域，近岸年平均波高大致为 0.5~0.7 m，属于中等波能海区；

（3）上部岸滩受波浪破碎影响，细颗粒泥沙难以在岸滩上部沉降，底质粒径在 0.60 mm 左右，为中粗砂；潮间带下部岸滩动力条件较弱，底质粒径在 0.01 mm 左右，基本为淤泥，沙泥分界高程大致在平均海平面以上 0.0~0.5 m。

说明在厦门湾内，当近岸波浪波高在 0.5~0.8 m 时，往往具备形成沙泥混合型岸滩条件，此时岸滩潮间带上部仍可以保持一定范围的沙质岸滩形态，但岸滩下部为泥滩，沙泥分界高程大致在平均海平面附近。

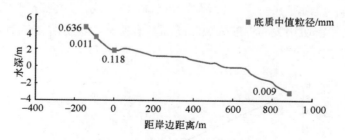

图 6　厦门岛东北 X7 断面形态

5　厦门湾岸滩特征与当地海岸动力之间关系

5.1　岸滩坡度与近岸波高相关性分析

将厦门湾现场观测各断面的近岸坡度（大潮高低潮位之间岸滩）与当地近岸波高对应点绘于图 7，可以看出：

（1）当近岸海域波高在 0.3~0.4 m 时，岸滩坡度为 1/800~1/400，潮间带极易形成泥质岸滩；

（2）当附近海域波浪波高在 0.8~1.0 m 时，岸滩坡度为 1/80~1/20，近岸带具有形成沙质岸滩特征的动力环境；

（3）当附近海域波浪波高在 0.5~0.7 m 时，岸滩坡度为 1/300~1/100，近岸带具有形成沙泥混合型岸滩特征的动力环境。

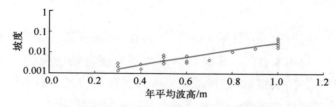

图 7　岸滩坡度与近岸波高（$H_{4\%}$）之间关系

可见，岸滩坡度与近岸波高具有良好相关性，近岸波高越大，岸滩坡度越陡，越易形成沙质岸滩；反之，近岸波高越小，岸滩坡度越为平缓，越易形成泥质岸滩。

5.2　厦门湾"沙泥分界点"与近岸波高关系

现场调查资料表明，即使当地波浪较强的开敞海域，近岸岸滩呈典型的沙质岸滩特征，但在深水区床面往往也会是细颗粒泥沙，特别在淤泥质岸滩带，深水区床面肯定是细泥。而在一些波能水平较低、滩坡平缓的典型泥质岸滩的高潮位区域也往往存在局部窄长的沙滩带。

以上分析表明，岸滩存在一个"沙泥分界点高程"，或"沙泥分界点水深"指标，它与当地近岸波浪条件密切相关。将部分观测断面具有明显沙泥分界点高程与当地近岸（平均）波高对应点绘于图8。

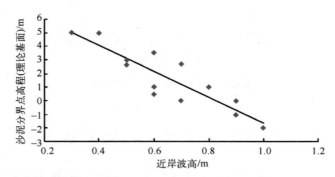

图 8　厦门湾部分观测断面沙泥分界点高程与近岸波高（$H_{4\%}$）关系

由图8可以看出，随着各断面处近岸波高的增大，沙泥分界点的位置逐渐降低，也就是说，近岸波浪条件越为强烈，沙泥分界点高程越低，岸滩类型越趋向于沙质类型；近岸波浪条件越弱时，沙泥分界点高程越高，岸滩类型越趋向于泥质类型。

将厦门岛东侧和东南侧岸滩作为重点。针对岸滩类型、地形地貌和近岸区波浪等特点，进行归纳分类，发现以下规律：

（1）厦门岛东南侧海域面向外海，受涌浪控制，近岸波高为 0.8~1.0 m，岸滩类型多为沙质岸滩，泥沙颗粒多为粗沙和中粗沙；由厦门岛东南侧的自然资源部第三海洋研究所起，经胡里山、珍珠湾、亚洲海湾大酒店，向北至椰风寨附近（X1~X5），为优良的海滨浴场；

（2）自厦门岛东侧的国际会展中心向北，经游艇俱乐部、香山，直至五通村附近（X6~X7）范围海岸，受到大金门、小金门、青屿等众多岛屿的掩护，近岸波高为 0.6~0.7 m，明显小于厦门岛东南侧海岸；岸滩类型多为沙泥混合型，即岸滩上部多为中粗沙，潮间带下部基本为宽广平缓的淤泥；沙泥分界点高程大致为平均海平面附近；

（3）岸滩类型沿岸分布清晰，由厦门岛东南侧向东北侧方向，随着波浪作用的逐渐减弱，岸滩类型逐渐由沙质岸滩向沙泥混合型岸滩过渡转变；

（4）当近岸波高较小（年平均波高小于 0.4 m），沙泥分界线位置较高，一般在高潮位附近，滩面大部分被细颗粒泥沙覆盖；当波高较大（年平均波高大于 0.7 m），沙泥分界点位置在低潮位附近或更低，潮间带岸滩基本为沙质；在中等波浪条件下（年平均波高0.5~0.7 m），沙泥分界点位置一般在平均海平面附近。这一规律可用表 2 说明。

表2　厦门湾波高–沙泥分界点位置和岸滩类型

近岸年平均波高/m	岸滩类型	沙泥分界点位置
<0.4	泥质	平均高潮位附近
0.5~0.7	沙泥混合型	平均海平面附近
>0.7	沙质	平均低潮位附近及以下

6　厦门湾岸滩特性现场勘测工作小结

（1）根据泥沙条件，海岸可分为淤泥质海岸和沙质海岸。

（2）根据近岸动力环境可分为沙质岸滩、泥质岸滩和沙泥混合型岸滩动力环境。

（3）近岸波浪强度是岸滩类型的重要影响因素，岸滩坡度与近岸波高也具有良好相关性，一般情况下，近岸波高越大，岸滩坡度越陡，沙泥分界点水深越大，越易形成沙质岸滩；反之，近岸波高越小，岸滩坡度越为平缓，沙泥分界点水深越小，越易形成泥质岸滩。

（4）人工沙滩最好营造在"沙质岸滩"动力环境。

（5）由于湾外岛屿掩护，同安湾内波浪动力较弱，年平均波高仅0.3~0.4 m，不具备形成优质的沙质岸滩的动力环境。

（6）在同安湾建设人工沙滩面临的主要问题是沙滩的"泥化问题"，其次是恶劣气象条件下岸滩的侵蚀问题。

附录：厦门湾各观测断面示意图及底质粒径资料

1. 同安湾海域

在同安湾海域进行了8条断面观测和取样分析。

附表1　同安湾观测断面情况一览

断面编号	地名	潮间带岸滩坡度	底质沙样编号	中值粒径 d_{50}/mm
T1	钟宅	1/157	T1-1	0.009
			T1-2	0.144
T2	同安湾西侧工程区	1/660	T2-1	0.009
			T2-2	0.125
T3	同安湾西侧工程区	1/800	T3-1	0.009
			T3-2	0.007
T4	同安湾西侧工程区	1/800	T4-1	0.008
			T4-2	0.009
T5	同安湾西侧工程区	1/250	T5-1	0.010
			T5-2	0.008
T6	刘五店	1/135	T6-1	0.141
			T6-2	—
T7	西滨	1/150	T7-1	—
			T7-2	0.008
T8	澳头	1/100	T8-1	0.014
			T8-2	0.011
			T8-3	0.185
			T8-4	0.009

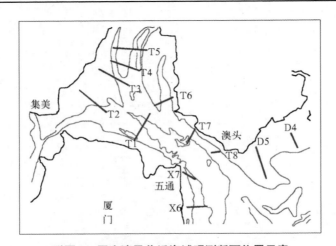

附图1　同安湾及临近海域观测断面位置示意

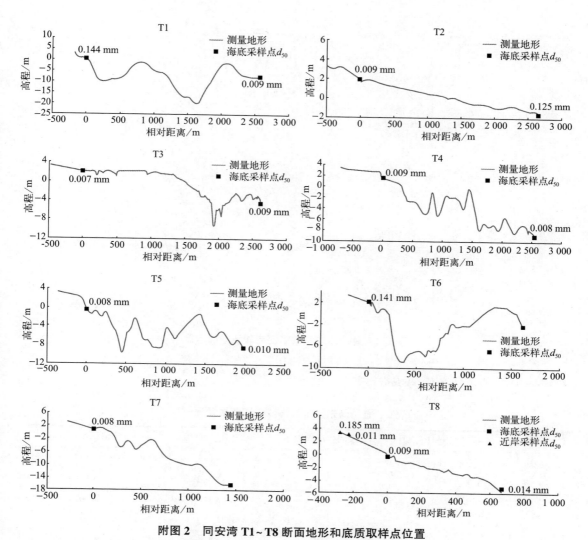

附图 2　同安湾 T1～T8 断面地形和底质取样点位置

图中标注数字为岸滩底质中值粒径，坐标"高程"是以理论基面为准，以下类似图不再说明

附图 3　同安湾西侧工程区附近近岸滩涂照片（2007 年 7 月）

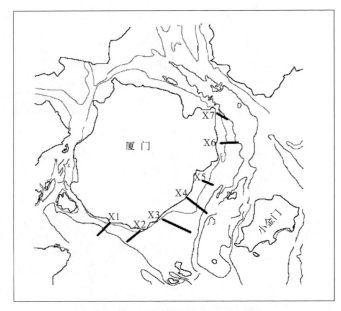

附图 4　厦门岛东及东南海域观测断面示意

2. 厦门岛东及东南海域

附表 2　厦门岛东及东南海域观测断面情况一览

断面编号	地名	潮间带岸滩坡度	底质沙样编号	中值粒径 d_{50}/mm
X1	自然资源部 第三海洋研究所	1/27	X1-1	0.857
			X1-2	—
X2	湖里山	1/32	X2-1	0.009
			X2-2	0.011
X3	珍珠湾	1/53	X3-1	0.144
			X3-2	0.009
			X3-3	0.386
			X3-4	1.481
X4	椰风寨	1/53	X4-1	—
			X4-2	0.149
			X4-3	0.663
			X4-4	0.245
			X4-5	0.138
X5	游艇俱乐部	1/64	X5-1	0.008
			X5-2	0.011

续表

断面编号	地名	潮间带岸滩坡度	底质沙样编号	中值粒径 d_{50}/mm
X6	香山	1/209	X6-1	0.129
			X6-2	0.008
X7	五通村	1/135	X7-1	0.118
			X7-2	0.009
			X7-3	0.011
			X7-4	0.626

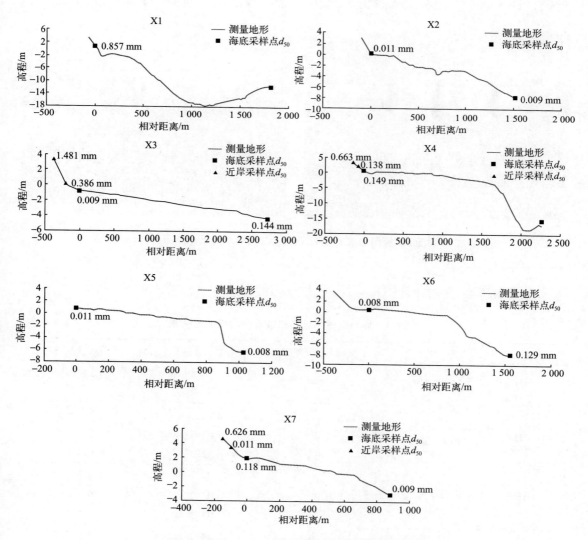

附图5 厦门岛 X1~X7 断面地形和底质采样点位置

附图6　厦门岛 X3、X4、X6、X7 断面海滩及滩涂照片

3. 漳州岛美—后石海域

附表3　漳州岛美—后石海域观测断面情况一览

断面编号	地名	潮间带岸滩坡度	底质沙样编号	中值粒径 d_{50}/mm
H1	镇海角	1/33	H1-1	—
			H1-2	—
H2	流会	1/25	H2-1	0.010
			H2-2	0.009
			H2-3	0.342
H3	岛美	1/40	H3-1	0.167
			H3-2	0.011
			H3-3	0.135
H4	吾坑港	1/40	H4-1	0.010
			H4-2	—

续表

断面编号	地名	潮间带岸滩坡度	底质沙样编号	中值粒径 d_{50}/mm
H5	漳州港	1/57	H5-1	0.010
			H5-2	0.009
			H5-3	0.855

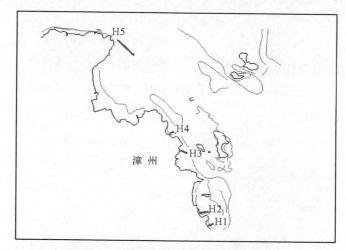

附图 7 漳州岛美—后石海域观测断面位置

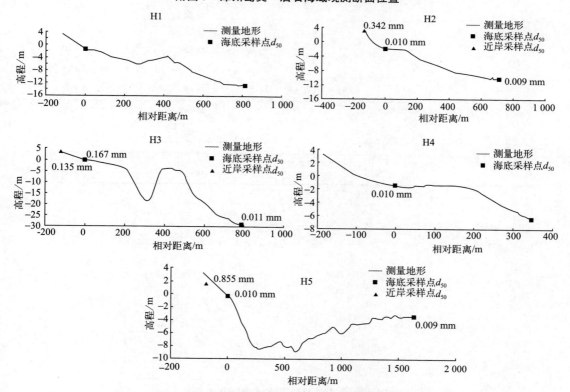

附图 8 漳州岛美—后石海域 H1~H5 断面地形和底质采样点位置

附图9　漳州岛美—后石海域（H1、H2断面）沙滩照片

4. 大嶝岛附近海域

附表4　大嶝岛附近海域观测断面情况一览

断面编号	地名	潮间带岸滩坡度	底质沙样编号	中值粒径 d_{50}/mm
D1	阳塘	1/53	D1-1	0.011
			D1-2	0.136
			D1-3	—
D2	战地观光园	1/264	D2-1	0.010
			D2-2	0.009
D3	金海	1/290	D3-1	0.010
			D3-2	0.010
			D3-3	0.675
			D3-4	0.008
D4	前吾	1/801	D4-1	0.008
			D4-2	0.009
D5	欧厝	1/298	D5-1	—
			D5-2	0.009

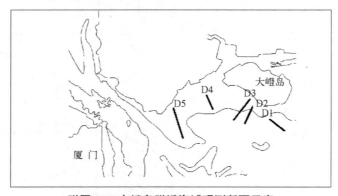

附图10　大嶝岛附近海域观测断面示意

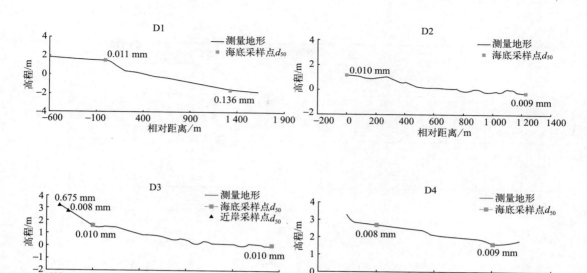

附图 11　大嶝岛附近海域 D1~D5 断面地形和底质取样点位置

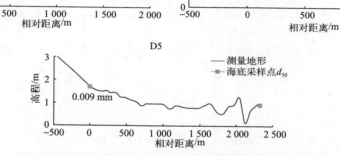

附图 12　大嶝岛海域（D2、D3 断面）滩涂照片

5. 围头湾海域

附表 5　围头湾海域观测断面情况一览

断面编号	地名	潮间带岸滩坡度	底质沙样编号	中值粒径 d_{50}/mm
W1	溪东	1/215	W1-1	—
			W1-2	0.164
			W1-3	0.010
W2	白沙	—	W2-1	0.181
			W2-2	0.164

续表

断面编号	地名	潮间带岸滩坡度	底质沙样编号	中值粒径 d_{50}/mm
W3	塔头	—	W3-1	0.012
			W3-2	0.559
W4	五堡	—	W4-1	0.136
			W4-2	0.600
			W4-3	0.397
W5	围头	1/22	W5-1	0.010
			W5-2	0.117
			W5-3	0.230

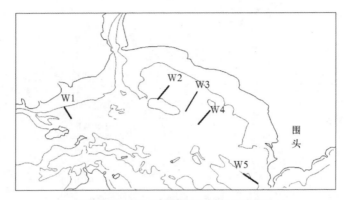

附图 13　围头湾海域观测断面示意

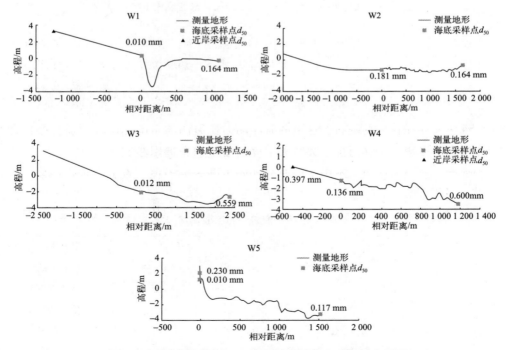

附图 14　围头湾海域 W1~W5 断面地形和底质取样点位置

厦门五通角—长尾礁—香山岸滩
现场勘测调查报告

1 前言

随着我国国民经济的迅猛发展，人民生活水平的不断提高，海滨旅游已成为人们日常生活的重要组成部分。厦门为我国沿海地区最美丽的岛屿城市之一，其东南侧海岸的天然沙滩一直以来都是厦门人民经常去游泳娱乐的天然海滨浴场。近年来，厦门市政府着力对厦门东海岸进行综合整治改造，特别是对厦门岛东南沿岸，南自胡里山炮台，北至厦门国际会展中心的天然沙滩进行了全面整治修复工程，修建了沿海栈道，人工铺填了大量优质海沙，同时配合厦门岛东侧环岛路的建设，使厦门岛东侧海岸带成为我国最美丽的海滨景观区、休闲娱乐区，吸引了国内外大量的游客游览观光，每年厦门国际马拉松比赛都在这里举行，大大提升了厦门城市的品位和整体形象。

但在厦门国际会展中心以北海岸带，由于离外海渐远，受到大、小金门岛的掩护，外海涌浪作用逐渐减弱，加上近岸带较多礁石，进一步削减了近岸波浪强度，这里岸段往往仅在近岸区存在窄窄的天然沙滩，有些岸段由于人为作用，甚至没有天然沙滩。

在五通角—香山岸滩，在当地特定的地形条件下，由外海进出同安湾的水流主流区远离海岸，近岸又存在较多的礁石，这里的海洋动力比厦门岛东南侧岸段要弱得多，导致大量较细泥沙在近岸区回淤，再加上大量人工养殖设施遍布近岸浅水区，进一步加速了近岸泥沙回淤强度。致使五通角—香山岸段部分沙滩不断萎缩消退，看上去景观极差，尤其在低潮位时，大片黑色泥滩出露，肮脏凌乱的形象不堪入目，在相邻不远的东南岸段修复整治工程完成后，对比之下，很不协调。

为此，厦门市政府确定逐步对厦门岛东侧五通角—长尾礁—香山岸段开展修复整治工程，改造成适宜人们游览、娱乐、游泳的海边环境；人工沙滩建设是其中最重要的一部分。其中一期修复整治工程的主体工程——香山—长尾礁岸段 1 500 m 人工沙滩已于 2008 年年初基本完成，二期修复整治工程也正在积极筹措之中（现已完成——编者注）。

如前所述，从天然海滩的水动力-泥沙角度来看，五通角—香山岸段自然条件不如厦门岛东南侧岸滩，而且越向北侧，滩涂条件越差。

在开展厦门同安湾西岸人工沙滩研究过程中，我们指出，在海洋动力条件（主要指波浪条件）较弱的海滩处比较容易发生"泥化"现象，沙滩往往呈现"沙泥混合型岸滩"特性，甚至"泥质岸滩"特性。根据 2007 年 7 月对厦门湾现场 30 个海滩勘测断面实测地形和底质资料，结合当地波浪场条件（由数值模拟算得）进行综合分析，当时即认为这一岸段为"沙泥混合型岸滩动力环境"，其特点是"沙泥分界点"较高，一般在平均海平面以上。

在这种并不是很有利的自然条件下，是否可以建成如厦门岛东南侧岸滩那样优质的人工沙滩，如何尽量降低"泥化现象"的影响，是进行本岸段人工沙滩修复工程设计和实施修复整治工程前必须弄清的问题。

五通角—香山岸段岸滩特性的现场勘测采样分析是这一研究项目重要组成部分，课题组于 2008 年 7 月、12 月及 2009 年 4 月先后 3 次对五通角—长尾礁岸段及香山—长尾礁岸段进行实地考察、地形测量和底质采样工作。

本文即介绍现场勘测工作的主要成果。

2 现场工作概况

2.1 工作概况

（1）2007 年 7 月 15 日，考察五通渔业码头。

（2）2008 年 7 月 31 日至 8 月 2 日，自香山向北至五通渔业码头（直线距离约 4.5 km），对 8 个观测勘测断面进行地形测量和底质取样。

（3）2008 年 12 月 14—15 日，对香山—长尾礁岸段 3 个勘测断面进行地形测量和底质取样。

（4）2009 年 4 月 6—7 日，对香山—长尾礁岸段 3 个勘测断面进行地形测量和底质取样。

（5）2009 年 8 月 18 日，再次对香山—长尾礁人工沙滩岸段进行实地考察。

2.2 现场观测工作主要内容

（1）整个岸段的普查（图 1）。

图 1 勘测路线

（2）对香山—五通角岸段8条断面的剖面形态测量及底质采样分析（图2和表1）。

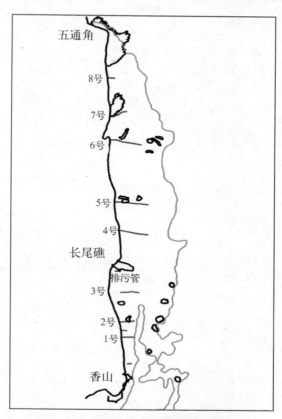

图2　香山—五通角8条勘测剖面位置示意

表1　2008年7月31日香山—五通角踏勘过程一览

点号	地标地名	经纬度	离香山距离/m	地貌特征描述
1	下何避风港	24°28.968′N 118°14.488′E	-320	淤泥滩，位于香山南侧，北侧有顺济宫（妈祖庙）
2	碉堡	24°29.168′N 118°11.769′E	50	有部队驻防
3	香山	24°29.141′N 118°11.812′E	0	香山防波堤堤根
4	1号勘测断面	24°29.406′N 118°11.812′E	491	计划勘测面1距香山导堤500 m
5	离岸礁石	24°29.524′N 118°11.768′E	709	礁石离岸近，沙浅；远处也有礁石

点号	地标地名	经纬度	离香山距离/m	地貌特征描述
6	2 号勘测断面	24°29.822′N 118°11.723′E	1 061	海滨浴场中部
7	排污管	24°29.903′N 118°11.715′E	1 261	第三个排水管
8	长尾礁西端	24°29.952′N 118°11.723′E	1 502	1 500 m
9	长尾礁东端	24°29.935′N 118°11.801′E	1 470	下为泥滩，礁长 100 m
10	长尾礁以北	24°29.967′N 118°11.721′E	1 530	木栈桥到此断，近岸 20～30 m 为块石，30 m 以外为泥沙，岸滩平缓
11	碉堡	24°30.119′N 118°11.695′E	1 811	外有礁石，向北近海为养殖区
12	礁石	24°30.203′N 118°11.704′E	1 967	褐色礁石散布沙滩上
13	3 号勘测断面	24°30.236′N 118°11.704′E	2 028	外海为海蛎养殖区
14	碉堡	24°30.297′N 118°11.678′E	2 141	
15	排水涵道	24°30.441′N 118°11.662′E	2 408	正对一大块礁石
16	4 号勘测断面	24°30.505′N 118°11.662′E	2 526	排水涵洞北侧
17	碉堡	24°30.527′N 118°11.660′E	2 567	北 500～600 m 养殖区，沙滩上散布块石、礁石
18	碉堡	24°30.602′N 118°11.637′E	2 706	
19	碉堡	24°30.686′N 118°11.617′E	2 861	有一石板路，石板路往北为排水涵洞
20	5 号勘测断面	24°30.840′N 118°11.609′E	3 146	挡潮闸南
21	6 号勘测断面	24°30.996′N 118°11.622′E	3 435	排水闸旁，往北 20 m 为小码头，白海豚保护区石碑
22	7 号勘测断面	24°31.095′N 118°11.631′E	3 619	白海豚保护区与避风屋之间

续表

点号	地标地名	经纬度	离香山距离/m	地貌特征描述
23	8 号勘测断面	24°31.363′N 118°11.607′E	4 115	两碉堡之间，东新酒店下
24	五通角	24°31.663′N 118°11.630′E	4 671	大块礁盘

表 2　勘测断面位置

断面编号	岸侧起点经纬度	距香山距离/m
1 号	24°29.406′N 118°11.715′E	490
2 号	24°29.524′N 118°11.707′E	709
3 号	24°29.744′N 118°11.713′E	1 117
4 号	24°30.186′N 118°11.938′E	1 985
5 号	24°30.212′N 118°11.687′E	2 391
6 号	24°30.900′N 118°11.617′E	3 258
7 号	24°31.070′N 118°11.629′E	3 573
8 号	24°31.363′N 118°11.594′E	4 115

（3）对香山—长尾礁岸段已建人工沙滩先后 3 次进行实地考察、3 条固定勘测断面的地形测量和底质采样工作。

3　现场观测工作主要成果

3.1　五通角—香山岸段勘测断面基本情况及特征

3.1.1　五通角—长尾礁岸段 5 条勘测断面特点

2007 年已进行香山—长尾礁岸段 3 个典型断面勘测工作。2008 年着重进行五通—长尾礁岸段 5 条勘测断面的勘测，5 个断面自南向北依次为：

（1）勘测断面 4，位于 24°30.186′N，距香山新建防波堤 1 985 m。自长尾礁至此勘测断面处，在护岸外分布有近 50 m 宽的沙滩，沙滩坡度为 1/15 左右，沙滩外侧为比较平缓的坡度为 1/175 左右的淤泥质粉砂潮滩，分界高程大致在黄海零点以下 0.5 m 左右（图 3 和图 4）。离岸 300~500 m 外分布有大范围海蛎养殖区。

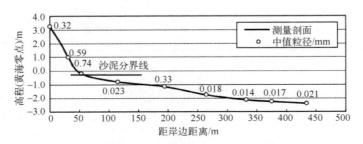

图 3　厦门五通角—长尾礁 4 号勘测断面剖面

图 4　4 号勘测断面近岸区有近 50 m 宽的沙滩，沙滩外为宽阔的泥滩

自勘测断面 4 处沿岸往北，近岸区出现较宽阔的多孔、黑白相间，类似于石灰石的底质构造（图 4）。

（2）勘测断面 5，位于 24°30.212′N，在一排水涵洞的南侧，距香山新建防波堤 2 390 m。此勘测断面以北近岸区散布着大量石块，近海区遍布海蛎养殖的架构物，海域范围在低潮位情况下一片泥泞。潮滩坡度为 1/150 左右（图 5 和图 6）。

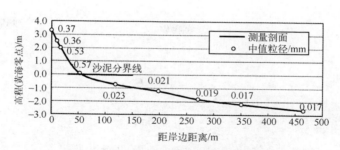

图 5 五通角—长尾礁 5 号勘测断面剖面

图 6 5 号勘测断面北侧为一排水涵洞，近岸区散布大量石块

（3）勘测断面 6，位于 24°30.900′N，距香山新建防波堤 3 258 m。此勘测断面岸线外 200 m 处有一离岸礁石，礁石南北向长约 140 m，在此礁石掩护下其西侧隐蔽区形成类似于连岛坝的典型回淤体，沙质潮滩延伸较远，平均坡度为 1/35；近海区泥滩平均坡度为 1/140，遍布海蛎养殖的架构物（图 7 和图 8）。

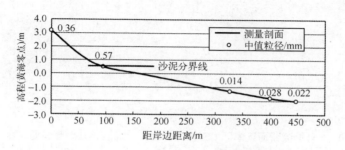

图 7 五通角—长尾礁 6 号勘测断面剖面

图8　6号勘测断面外侧局部沙滩远处为海蛎养殖区

（4）勘测断面7，位于24°31.070′N，距香山新建防波堤约3 573 m。此处近岸沙质岸滩宽仅10 m余，坡度为1/5，其外侧为大片平缓的粉砂质泥滩，表层淤泥达10～30 cm，远处为海蛎养殖区，近海区遍布海蛎养殖的架构物，海域范围在低潮位情况下一片泥泞景象。潮滩坡度为1/125（图9和图10）。

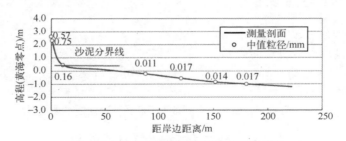

图9　五通角—长尾礁7号勘测断面剖面

图10　7号勘测断面近岸区局部沙滩外为大片泥质粉砂岸滩和海蛎养殖区

（5）勘测断面8，位于24°31.363′N，距香山新建防波堤约41 150 m。此勘测断面以北近岸区散布着大范围礁盘，近岸沙滩质量较差，坡度为1/10；近海区有海蛎养殖的架构物，海域范围在低潮位情况下呈现泥泞景象。潮滩坡度为 1/155 左右（图 11 和图 12）。

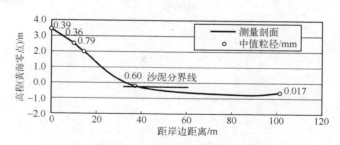

图 11　五通角—长尾礁 8 号勘测断面剖面

图 12　8 号勘测断面近岸区局部沙滩外为大片泥质粉砂岸滩和海蛎养殖区

3.1.2　五通角—长尾礁岸段地形地貌特点

3.1.2.1　岸线特点

厦门岛东海岸以香山为界，岸线走向和岸滩形态均发生较明显差别。在香山以南，岸线基本呈 NE—SW 走向，岸线向北骤然偏转，基本呈南北走向。香山—长尾礁—五通角岸段长约 4.5 km，岸线相对比较顺直。

根据 20 世纪 30 年代海图和最新海图比较，可以看出，近 80 年来此段岸线基本稳定（图 13）。

3.1.2.2　地形特点

图 14 为厦门岛东侧五通角—香山岸段地形情况，可以看出，澳头—五通角连线为同安湾的口门断面，进出同安湾的潮流主流深槽偏于五通角一侧，但在五通角处此深槽即向东折离厦门岛东段岸线，使五通角—香山岸段如弯道水流的凸岸，五通角和香山分别起挑流岬角的作用，使进出同安湾的水流远离此段海岸，这类岸段一般为泥沙淤积区。长期以来，地形和动力环境已相互适应，0 m 等深线呈弧状分布，在五通角附近 0 m 等深线以上浅滩离岸仅 100～200 m，−2 m 等深线以上浅滩宽 300 m 左右，在本岸段中部 0 m 等深线以

上浅滩宽度达 900 m 左右，-2 m 等深线以上浅滩宽达 1 400 m。

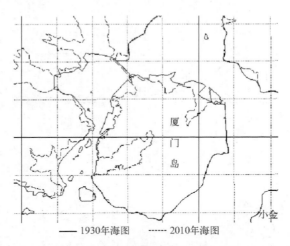

图 13　厦门湾海域近 80 年岸线对比

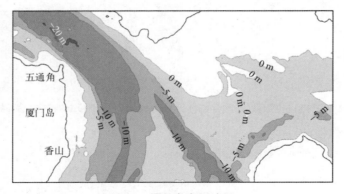

图 14　厦门岛东侧地形

3.1.2.3　地貌特点之一：礁石密布

此岸段近岸区礁石密布，大部分分布在离岸一定距离的近海区，部分与岸直接相连，如长尾礁和五通角附近的大范围礁盘（图 15）；近岸区一部分褐色礁石，在波浪作用下侵蚀成多孔石灰状的半淤泥半石块混合物。

这部分礁石阻挡了向岸的海浪，可以起保护海岸的作用，但同时也起到促淤的作用，使五通角—香山岸段沙泥分界点相对较高，平均海平面以下基本都是平缓的淤泥粉砂质"泥滩"。

3.1.2.4　地貌特点之二：宽阔的泥滩

该岸段目前均建成护岸，护岸底部一般分布较窄的沙质岸滩（宽 10～50 m）；其外侧则为宽阔平缓的粉砂质泥滩，两者之间有明显的分界线。此分界线可称为"沙泥分界点"，五通角—长尾礁岸段"沙泥分界点"高程大致在平均海平面附近。沙泥分界点外宽阔的浅

图 15 五通角附近大块礁盘

滩主要由粉砂组成，中值粒径为 0.01~0.028 mm，滩面坡度为 1/150 左右。在浅滩表面一般均分布着一层淤泥，本次勘测，在离岸 400 m 处淤泥厚可没膝（30~40 cm）。

如前所述，本岸段宽阔的浅滩是当地特定的边界条件和动力条件长期相互作用的结果，它是在海洋动力条件下岸滩侵蚀的泥沙和海洋泥沙长期补给下形成的，而宽阔浅滩的存在，削减了近海波浪，可保护海岸不发生进一步侵蚀，这也是五通角—香山岸线长期维持相对稳定的重要原因。因浅滩水深较小，在大风浪气象条件下易产生混浊的含沙水体，在这种自然环境下要建成高品位的人工沙滩比较困难，在已修复的一期工程沙滩处，低潮位时依然泥泞不堪（图 16）。

图 16 香山—长尾礁已修复的人工沙滩处依然泥泞（2008 年 8 月）

3.1.2.5 地貌特点之三：海蛎养殖（图 17）

在该岸段中部及北部泥滩滩面上分布有大片海蛎养殖区。养殖区内密密麻麻分布着由水泥板架成的人字形构筑物，这些构筑物是削减波浪、促进回淤的因素之一，同时也会污染海域环境。与散布各处的礁石和宽阔的泥滩相比，进行整治的难度要小一些，技术上也简易得多。

图 17　海蛎养殖区（2008 年 7 月）

3.1.2.6　地貌特点之四：城市排污（水）管（涵）道众多

五通角—香山岸段分布众多城市排污（水）管道或涵道（图 18 和图 19）。

图 18　位于 5 号勘测断面附近的排水涵道
（2008 年 8 月）

图 19　长尾礁南侧已修复沙滩中部的排污管
（2008 年 7 月）

在已基本建成的香山—长尾礁沙滩修复一期工程 1 500 m 岸段范围内，即分布有 3 根直径 1.5 m 粗的城市排水（污）管。无论从对海滨浴场的水质环境的影响来看，还是从自然景观形象方面来看，都不理想（图 19）。

3.1.3　五通角—长尾礁岸段岸滩类型及海岸泥沙运动特点

3.1.3.1　岸滩类型

2007 年，我们通过对厦门湾内 30 个勘测断面实地勘测以及 90 个底质泥沙样品的颗粒组成分析，认为岸滩平面形态及近岸泥沙组成与当地波浪条件密切相关；当近岸波浪作用较强时，岸滩坡度较陡，近岸一般形成沙质岸滩；近岸波浪作用较弱时，岸滩坡度平缓，多形成泥质岸滩。沙泥混合型属于过渡形态。

本研究岸段基本属于沙泥混合型岸滩，具有以下特点。

（1）由于受大、小金门等岛屿的掩护，本岸段波浪强度要小于厦门岛东南海域，近岸水域年平均波高大致为0.5 m，属于中等波能海区。

（2）对本岸段进行的4~8号勘测断面地形测量结果表明，潮滩范围内岸滩坡度为1/150左右，而资料分析可知，沙泥混合型岸滩坡度介于沙质岸滩和泥质岸滩之间，即多为1/300~1/100。

（3）上部岸滩受波浪破碎影响，细颗粒泥沙难以在岸滩上部沉积，泥沙粒径为0.60 mm左右，为中粗沙；潮间带下部岸滩动力条件较弱，泥沙粒径为0.01 mm左右，基本为淤泥质粉砂，沙泥分界高程大致在平均海平面附近。

3.1.3.2 "沙泥分界点"分布特点

根据2007年7月厦门湾岸滩地形和底质资料，结合当地波场资料，认为五通角—香山岸段为"沙泥混合型岸滩动力环境"，其特点是"沙泥分界点"较高，一般在平均海平面以上。

表3为根据本次勘测资料进一步详尽分析地形和底质资料后确定的五通角—香山岸段各断面处"沙泥分界点"高程。可以看出，长尾礁以南的1~3号断面处波浪动力相对较强，沙泥分界点高程较低，大致在平均海平面以下1 m，长尾礁以北岸段波浪强度弱于南侧，沙泥分界点高程相对较高，大致为平均海平面以上50 cm附近。

表3　香山—五通角岸段岸滩"沙泥分界点"高程（黄海零点）

勘测断面编号	潮滩坡度		距香山距离/m	沙泥分界点高程/m	说明
	沙滩	泥滩			
1	1/13	1/74	490	−1.00	
2	—	—	709	—	香山—长尾礁已修复
3	1/16	1/91	1 117	−1.25	海滨浴场沙滩
4	1/15	1/173	1 985	−0.30	
5	1/16	1/153	2 391	0.00	
6	1/35	1/140	3 258	+0.60	
7	1/5	1/125	3 573	+0.50	
8	1/10	1/153	4 115	−0.20	

3.1.4 五通角—长尾礁岸段岸滩稳定性分析

本岸段有2004年和2008年地形测图，我们对5个勘测断面处地形进行了比较，结果如图20至图24所示，可以看出，两次地形基本一致，近岸区的差别，可能与护岸建设有关。总之，本岸段岸滩近年是稳定的。

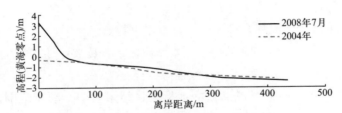

图 20 4 号勘测断面处 2008 年和 2004 年地形比较

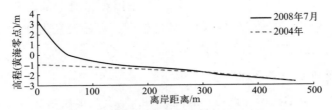

图 21 5 号勘测断面处 2008 年和 2004 年地形比较

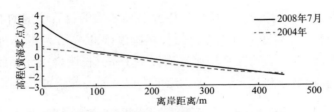

图 22 6 号勘测断面处 2008 年和 2004 年地形比较

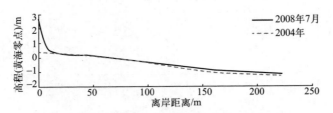

图 23 7 号勘测断面处 2008 年和 2004 年地形比较

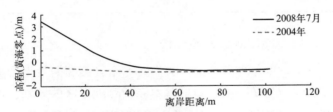

图 24 8 号勘测断面处 2008 年和 2004 年地形比较

3.2　香山—长尾礁已修复沙滩岸段剖面观测

图 25 至图 27 为长尾礁南侧观音山海滨浴场沙滩修复前后 3 年情况。

图 25　观音山海滨浴场（修复工程正在进行中，2007 年 7 月，前方为长尾礁）

图 26　观音山海滨浴场（修复工程基本完成，2008 年 7 月，前方为长尾礁）

图 27　观音山海滨浴场（修复工程已完成，2009 年 8 月，前方为长尾礁）

图 28 和图 29 分别为 1 号和 3 号勘测断面，2004 年和 2008 年地形变化情况。由图可见，此岸段沙滩修复工程厚度达 4 m，宽度达 150~180 m。

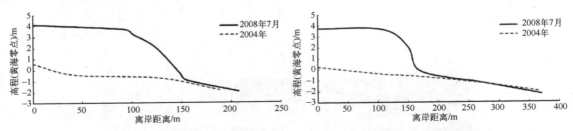

图 28　1 号断面处修复工程前后地形比较　　　图 29　3 号断面处修复工程前后地形比较

3.2.1　2008 年 8 月剖面观测成果

2008 年 8 月 2 日对香山—长尾礁岸段 1 500 m 范围内已修复沙滩进行断面勘测和地貌特征调查研究，可以代表夏季情况。

图 30 和图 31 为香山—长尾礁岸段经过人工修复后 1 号和 3 号两个勘测断面的剖面形态。总体上看，修复后的岸滩剖面形状和泥沙分布与长尾礁以北 5 个勘测断面基本一致，仅修复后的沙滩滩肩要高得多，且滩肩宽度明显大得多。由于大量泥沙的铺设，沙泥分界线高程比五通角—长尾礁岸段要低 1.5 m 左右，大致在黄海零点以下 1.0 m 处。

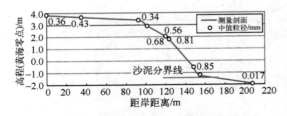

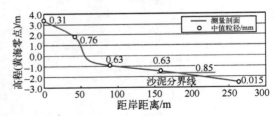

图 30　香山—长尾礁 1 号勘测断面剖面　　　图 31　香山—长尾礁 3 号勘测断面剖面

香山—长尾礁岸段修复工程泥沙中值粒径为 0.5 mm，填沙剖面是黄海零点以下 0.7 m 作为人工沙滩前滨滩面，1 号和 3 号勘测断面的沙泥分界线其实是人工铺沙后形成的剖面，与长尾礁以北天然岸滩的沙泥分界线形成机理不完全相同。

此岸段范围内有 3 条直径 1.5 m 粗的城市排污（水）管。

3.2.2　2008 年 12 月剖面观测成果

2008 年 12 月 14 日对香山—长尾礁修复沙滩进行第二次断面测量，可以代表冬季情况（图 32 和图 33）。由图可以看出，自夏至冬近半年，修复沙滩勘测断面形状没有根本性变化，仅有局部调整现象，总的趋势是滩肩坡面有侵蚀后退趋势，剖面上部泥沙向坡脚转移；3 号勘测断面剖面侵蚀现象更明显一些，1 号勘测断面剖面形状调整相对较小。初步分析，这一现象基本符合一般沙滩冬季侵蚀、夏季淤积的普遍规律。

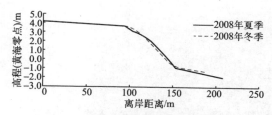

图 32　1 号断面夏季剖面和冬季剖面比较

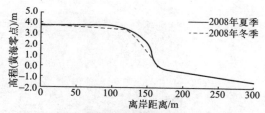

图 33　3 号断面夏季剖面和冬季剖面比较

3.2.3　2009 年 4 月剖面观测

2009 年 4 月 6—7 日对香山—长尾礁修复沙滩进行第三次勘测断面勘测，可以代表春季情况。图 34 为 1~3 号勘测断面前后 3 次剖面变化情况。

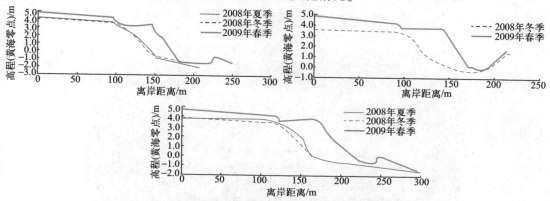

图 34　香山—长尾礁修复沙滩 3 个勘测断面 3 次测量结果比较

由图可见，2009 年 4 月沙滩剖面形状发生了以下几种较大的变化：

（1）香山—长尾礁已修复沙滩岸段普遍加高加宽。断面勘测资料分析表明：香山—长尾礁已修复沙滩，在 2008 年 12 月至 2009 年 4 月期间，进一步铺沙加高，3 个勘测断面滩肩高程普遍抬高 1 m 左右。

2009 年 4 月 3 个勘测断面滩肩前缘比 2008 年 12 月向海推进 45 m 左右；相应的沙滩坡角也向海移动 30~50 m。在原滩肩前缘位置处形成陡坎。勘测断面 1 处离岸 225 m 位置新形成高 0.8 m 的陡坎，勘测断面 3 处离岸 245 m 处形成高 0.67 m 的陡坎。

（2）2008 年 12 月至 2009 年 4 月期间新抛填了沿岸沙坝（图 35 至图 38）。原修复沙滩设计宽度为 180~230 m，实际宽度约为 150~180 m。本次现场勘测表明，在 2008 年 12 月后，有关单位在离岸 200~250 m 处又抛填了一条南北

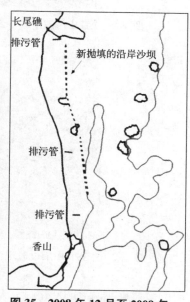

图 35　2008 年 12 月至 2009 年 4 月期间新抛填的沿岸沙坝情况示意

图36   修复沙滩1号勘测断面附近新抛填的沿岸沙坝（2009年4月）

图37   观音山海滨浴场（2号勘测断面）外侧沿岸沙坝上有游人在游览（2009年4月）

图38   中潮位时观音山海滨浴场外侧沿岸沙坝处的破波带（2009年8月）

向的沿岸沙坝（图35）。

　　勘测资料表明，1号勘测断面附近沙坝顶高程大致为黄海零点以下1 m（即理论基面以上2 m）左右，2号勘测断面处（观音山海滨浴场范围内）沿岸沙坝顶高程为黄海零点左右（即理论基面以上 3 m 附近）。

3.2.4 香山—长尾礁已修复沙滩岸段泥沙运动特点分析

（1）修复海滩的稳定性。我们利用 2008 年 4 月实测地形资料，以及 2008 年 8 月和 12 月课题组对已修复沙滩的勘测断面观测资料进行对比分析，结果表明，2008 年 4—12 月香山—长尾礁岸段基本稳定（图 39）。所发生的局部变化，基本属于沙质岸滩的正常季节性周期变化。

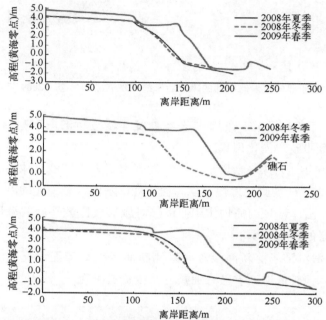

图 39   1~3 号勘测断面处 2008 年 4—12 月地形比较

（2）沿岸输沙。图 40 为位于香山—长尾礁已修复沙滩中部的排水管，根据海岸动力学一般原理，沿岸输沙控制方向应是自南向北。根据到现场多次观测，本岸段虽然受到大、小金门岛的掩护，阻挡了较强的东向和东南向的外海来浪作用，但南向涌浪依然对本岸段起较大作用，其中香山附近水域，受南向涌浪作用更为明显。

（3）连岛坝现象。根据修复沙滩后的几次观测，位于香山—长尾礁岸段中部的离岸礁石后有逐渐向前淤进，形成连岛坝的现象，这也是典型沙质岸滩泥沙运动的基本特点（图 41）。

图 40   位于香山—长尾礁已修复沙滩中部的城市排污管（2009 年 8 月）

图 41　位于已修复沙滩中部的礁石后岸线呈现连岛坝形态（2009 年 8 月）

（4）泥化现象。2008 年 8 月及 12 月在已修复岸段进行的两次断面地形及采样分析，未发现修复沙滩上有明显"泥化现象"。

如前所述，2009 年 4 月第 3 次断面观测，发现由于人为填沙，地形有较大变化，主要特点是在离岸 200~250 m 坡脚处抛填了顶高程为理论基面以上 3 m 的沿岸沙坝，当潮位在平均海平面以下时，沿岸沙坝的掩护作用使里侧海域形成比较平静的海域环境，相对容易形成细颗粒泥沙回淤的动力环境。

图 42 为观音山海滨浴场前新铺沙滩（勘测断面 3 处）滩面情况，由前面图 35 可知，此部位为新填海沙，但较低滩面上已有细颗粒泥沙淤积现象。

图 42　观音山海滨浴场处（3 号勘测断面）的"泥化现象"

初步分析认为，将人工沙滩进一步加高加宽问题不大，但在坡脚处抛填离岸沙坝这一工程措施有欠周到。

（5）风沙现象初步观察。本次勘测研究重点为海洋动力对岸滩作用的动力机理和过程，对风沙研究缺乏经验，也缺乏资料（风、地形演变资料等）。但在对已修复沙滩的勘测过程中，我们对部分勘测断面处地貌标志物附近泥沙变化也进行了初步观测。图 43 和图 44 为 1 号勘测断面处先后两次照片，可以看出，废弃碉堡附近滩面明显增高，在其后侧木栈桥处，泥沙也几乎与木栈桥齐平，甚至盖到木栈桥之上；这些显然都是风沙作用的结果。

图 43　1 号勘测断面（2008 年 8 月）

图 44　1 号勘测断面（2009 年 4 月）

4　结语

对香山—五通角 4 600 m 岸段的多次现场勘测调研、采样分析以及资料分析结果表明：

（1）香山—五通角岸段岸线近百年来基本稳定；

（2）香山—五通角岸段特定的地理位置使此岸段处于"弯道水流"的凸岸，潮流主流远离海岸；近岸区分布大量礁石，阻挡了向岸波浪的传播，使海岸带潮流、波浪动力均较弱，结果导致近岸带形成大片淤泥粉砂质浅滩，浅滩表面覆盖着 5~40 cm 厚的淤泥；

（3）五通角—长尾礁岸段为沙泥混合型岸滩，沙泥分界点高程大致在平均海平面以上0.5 m 附近；

（4）通过对香山—长尾礁岸段的勘测调查，结果表明此岸段修复工程是成功的，一年多来岸滩基本稳定，仅局部有沙质海岸正常季节性周期变化；

（5）2008 年 12 月以后在此岸段进行的沿岸沙坝工程，可能导致已建沙滩的"泥化"现象，这一工程措施有欠周到；

（6）香山—五通角岸段可以修复近岸沙滩，但需根据实际情况对沙滩功能进行定位，平均海平面以下滩面作为海滨浴场的规划有较大困难。

围头湾沿岸现场勘测工作报告

1 前言

福建泉州作为与台湾邻近，与金门对接的沿海地区，民营经济实力雄厚，经济活力强，近年来，为了加大与台对接的各项基础工作，泉州拟在与金门之间的围头湾海域进行海域规划建设。由于受历史条件限制，围头湾海域海洋水文资料不足，近岸地形地貌特征鲜有资料参考。2007年在进行厦门同安湾人工沙滩工程研究任务时，曾对围头湾近岸区进行断面地形测量和底质采样工作。后来发现，由于观测时潮位较低，观测断面大多在离岸2 km以外深水区，用此资料表征近岸岸滩动力泥沙环境时稍显有所不足（图1）。

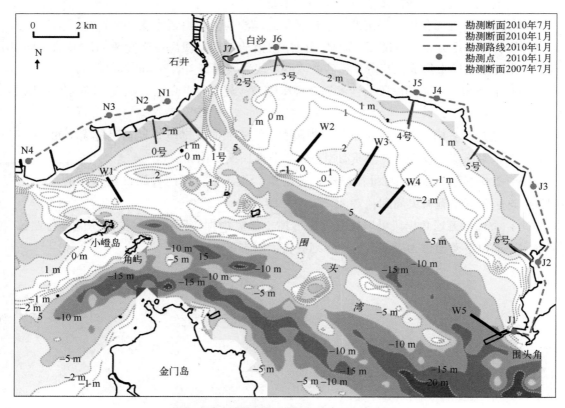

图1 围头湾现场踏勘线路及勘测断面示意

2009 年年底，受泉州港口局委托，南京水利科学研究院承担福建围头湾港区水流泥沙物理模型试验研究。对围头湾现场情况的把握与了解是进行各项试验研究工作的基础，为此，南京水利科学研究院在 2010 年 1 月底和 7 月下旬对福建泉州围头湾海域近岸地形、地貌、底质等情况进行了冬季和夏季的现场考察。本报告即为围头湾现场勘测工作的主要成果。

2 现场工作主要内容

2010 年 1 月 30 日，课题组对围头湾范围近岸海域进行了全海湾地貌特征考察和勘测断面位置的确定，图 1 为考察线路（虚线）和重点考察点示意；表 1 为沿途重点考察点说明。

表 1 2010 年 1 月围头湾沿岸考察点情况说明

考察点编号	北纬	东经	地名	备注
N1	24°36′27. 19″	118°25′12. 70″	—	房子紧靠海边
N2	24°36′15. 79″	118°24′47. 09″	金沙滩	海鲜饭店
N3	24°36′6. 60″	118°24′3. 10″	观音楼	楼前面有围堰
N4	24°34′42. 91″	118°21′21. 61″	菊江码头	粮食码头
J1	24°31′1. 42″	118°33′40. 12″	围头港	—
J2	24°32′52. 60″	118°34′16. 79″	塘东沙坝	—
J3	24°34′13. 85″	118°34′13. 61″	丙州村	—
J4	24°36′34. 25″	118°31′39. 98″	老沙滩（沿海大通道尽头）	—
J5	24°36′45. 54″	118°31′10. 31″	塔头	—
J6	24°37′53. 04″	118°28′12. 33″	白沙堤堤根	—
J7	24°37′42. 55″	118°26′31. 61″	白沙堤堤头	—

在此基础上，1 月 31 日（代表冬季条件），对石井 1 个断面和晋江 4 个断面进行地形勘测和底质采样。7 月 22 日（代表夏季条件），对 1~5 号断面再次进行地形测量和底质取样工作，同时在石井增加 0 号勘测断面。图 1 中红色为 2010 年 1 月（冬季）勘测断面位置，蓝色为 7 月（夏季）勘测断面位置。表 2 和表 3 为各断面底质取样资料。

表 2 2010 年 1 月（冬季）勘测断面底质取样资料说明

取样点编号	北纬	东经	表层 d_{50} /mm	底层 d_{50} /mm	取样点高程（理论基面）/m
1-1	24°36. 290′	118°25. 331′	0. 009	0. 016	—
1-2	24°36. 028′	118°25. 519′	0. 007	0. 014	—
1-3	24°35. 779′	118°25. 760′	0. 006	0. 180	—
1-4	24°35. 718′	118°25. 816′	0. 104	—	—

续表

取样点编号	北纬	东经	表层 d_{50} /mm	底层 d_{50} /mm	取样点高程（理论基面）/m
1-5	24°35.501′	118°26.147′	0.010	0.055	—
2-1	24°37.697′	118°26.944′	0.184	—	-3.72
2-2	24°37.647′	118°26.927′	0.007	—	-2.26
2-3	24°37.594′	118°26.902′	0.007	—	-1.88
2-4	24°37.520′	118°26.869′	0.007	—	-1.97
2-5	24°37.428′	118°26.806′	0.016	—	-0.86
3-1	24°37.845′	118°27.736′	—	—	-3.34
3-2	24°37.784′	118°27.773′	0.016	—	-2.06
3-3	24°37.701′	118°27.824′	0.007	—	-1.83
3-4	24°37.631′	118°27.868′	0.060	—	-1.71
3-5	24°37.574′	118°27.901′	—	—	-1.51
4-1	24°36.729′	118°31.263′	0.006	—	-3.11
4-2	24°36.657′	118°31.254′	0.009	—	-2.71
4-3	24°36.565′	118°31.243′	0.060	—	-2.46
4-4	24°36.462′	118°31.226′	—	—	-2.13
4-5	24°36.360′	118°31.212′	0.008	—	-1.74
4-6	24°36.224′	118°31.183′	0.160	—	-1.21
4-7	24°36.095′	118°31.152′	0.161	—	-0.71
4-8	24°36.043′	118°31.130′	—	—	-0.60
5-1	24°35.590′	118°32.944′	—	—	-2.86
5-2	24°35.506′	118°32.888′	0.197	—	-2.16
5-3	24°35.391′	118°32.810′	—	—	-1.82
6-1	24°33.010′	118°34.138′	0.317	0.341	—
6-2	24°33.120′	118°33.957′	0.240	—	—
6-3	24°33.210′	118°33.835′	0.411	0.336	—
6-4	24°33.087′	118°33.845′	0.451		—

表3 2010 年 7 月（夏季）勘测断面底质取样资料说明

取样点编号	北纬	东经	表层 d_{50} /mm	底层 d_{50} /mm	取样点高程（理论基面）/m
0-1	24°36.233′	118°24.590′	0.410	—	-3.51
0-2	24°36.173′	118°24.592′	0.263	—	-3.05
0-3	24°36.089′	118°24.601′	0.148	0.180	-2.50
0-4	24°36.006′	118°24.605′	0.138	0.149	-2.24
0-5	24°35.932′	118°24.607′	0.092	0.112	-2.09
0-6	24°35.808′	118°24.604′	0.160	0.126	-1.77
0-7	24°35.740′	118°24.617′	0.070	—	-1.62

取样点编号	北纬	东经	表层 d_{50} /mm	底层 d_{50} /mm	取样点高程（理论基面）/m
0-8	24°35. 659′	118°24. 654′	0. 038	0. 190	-1. 28
1-1	24°36. 377′	118°25. 313′	0. 014	—	-2. 39
1-2	24°36. 291′	118°25. 332′	0. 013	—	-2. 13
1-3	24°36. 197′	118°25. 360′	0. 017	—	-1. 88
1-4	24°36. 148′	118°25. 402′	0. 015	—	-1. 85
1-5	24°36. 099′	118°25. 444′	0. 018	—	-1. 92
1-6	24°36. 063′	118°25. 487′	0. 013	—	-1. 86
1-7	24°36. 017′	118°25. 529′	0. 011	—	-2. 04
1-8	24°35. 972′	118°25. 569′	0. 013	—	-1. 62
1-9	24°35. 944′	118°25. 612′	0. 012	—	-1. 57
1-10	24°35. 905′	118°25. 648′	0. 013	—	-1. 38
1-11	24°35. 919′	118°25. 683′	0. 014	—	-1. 22
2-1	24°37. 704′	118°26. 935′	—	—	-4. 90
2-2	24°37. 696′	118°26. 934′	—	—	-3. 38
2-3	24°37. 685′	118°26. 935′	0. 469	0. 671	-2. 92
2-4	24°37. 599′	118°26. 907′	0. 014	—	-2. 18
2-5	24°37. 522′	118°26. 869′	0. 013	—	-1. 83
2-6	24°37. 437′	118°26. 813′	0. 013	—	-1. 48
3-1	24°37. 843′	118°27. 747′	2. 600	—	-3. 09
3-2	24°37. 839′	118°27. 749′	0. 013	—	-2. 98
3-3	24°37. 736′	118°27. 734′	0. 161	0. 197	-2. 57
3-4	24°37. 616′	118°27. 709′	0. 292	0. 320	-2. 23
3-5	24°37. 528′	118°27. 678′	0. 289	—	-1. 86
3-6	24°37. 458′	118°27. 673′	0. 021	0. 235	-1. 48
4-1	24°36. 723′	118°31. 252′	0. 314	—	-2. 91
4-2	24°36. 623′	118°31. 225′	0. 027	0. 021	-2. 62
4-3	24°36. 532′	118°31. 204′	0. 021	0. 080	-2. 38
4-4	24°36. 435′	118°31. 180′	0. 047	0. 116	-2. 02
4-5	24°36. 338′	118°31. 155′	0. 013	0. 145	-1. 65
4-6	24°36. 245′	118°31. 130′	0. 019	—	-1. 37
4-7	24°36. 151′	118°31. 109′	0. 011	0. 022	-0. 93
5-1	24°35. 565′	118°32. 928′	0. 057	0. 280	-2. 64
5-2	24°35. 501′	118°32. 875′	0. 025	0. 208	-2. 28
5-3	24°35. 441′	118°32. 828′	0. 015	0. 233	-2. 10
5-4	24°35. 387′	118°32. 786′	0. 156	0. 215	-1. 94
5-5	24°35. 332′	118°32. 746′	0. 235	—	-1. 75
5-6	24°35. 253′	118°32. 691′	0. 173	—	-1. 40

3 现场观测工作主要成果

3.1 勘测断面岸滩形态和床面泥沙特点

3.1.1 0号勘测断面

0号断面是2007年7月加测的断面，位于安海湾湾口西侧石井镇海边，勘测断面长1 080 m。近岸是沙质岸滩，如图2所示；向海表层为越来越厚的泥质粉砂，底层为细沙；有渔民趟出的小路向海延伸，小路上可以行驶拖拉机。测量断面附近近岸有零星的围网，大面积养殖区在1 000 m外。

地形形态及底质分布情况如图2和图3所示，沿线底质取样表明：近岸200 m左右是沙，泥沙中值粒径相对较粗，为0.2~0.4 mm；200 m外表层为淤泥与粉砂混合物，平均厚度为15 cm，中值粒径为0.04~0.09 mm，底层是0.1~0.2 mm的细沙。滩面坡度1/480。

图2 0号勘测断面近岸地貌形态（2010年7月）

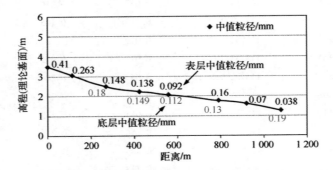

图3 0号勘测断面地形及底质分布情况（2010年7月）

3.1.2　1号勘测断面

3.1.2.1　冬季

　　1号勘测断面位于安海湾湾口西侧石井镇海边，断面勘测长2 360 m，断面沿线均为海蛎、紫菜养殖布置的成排石桩和木桩排绳架等（图4）。

2010年1月（冬季）　　　　　　　　　　　　2010年7月（夏季）

图4　南安石井1号勘测断面现场条件和潮滩上淤泥情况

　　岸滩坡度约为1/1 000。

　　断面上均覆盖着淤泥层，向海淤泥层越来越厚，可达50 cm以上。表层淤泥中值粒径平均值为0.007 mm；淤泥层以下为粉砂质沙，中值粒径平均值为0.06 mm。

3.1.2.2　夏季

　　夏季1号断面勘测长度1 135 m，勘测路线与冬季基本一致。断面形态及养殖情况与冬季相比，并无明显变化，表层淤泥依旧很厚。滩面坡度为1/970。

　　夏季1号断面地形及底质分布情况如图5所示。底质取样资料结果表明，表层淤泥中值粒径平均值为0.014 mm，粗于冬季。

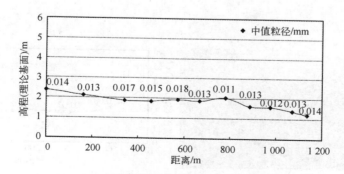

图5　1号断面地形及底质分布情况（2010年7月）

3.1.3 2号勘测断面

3.1.3.1 冬季

2号勘测断面位于白沙堤堤头以东700 m处,勘测长度550 m左右。断面近岸有局部沙滩,向海淤泥逐渐增多,如图6所示。断面附近海蛎养殖的桩不多,低潮位情况下呈现大片泥滩,勘测路线基本沿着潮沟进行。

图6 2号勘测断面近岸区的护岸和沙滩

冬季2号勘测断面的地形及底质情况如图7所示。白沙堤护岸趾部有宽约10 m,泥沙中值粒径为0.184 mm的沙滩。表层大片泥滩中值粒径平均值为0.009 mm。滩面坡度约为1/200。

3.1.3.2 夏季

与冬季行走路线一样,由于表层淤泥太厚,依然沿潮沟进行勘测。考察断面上有围网及零星的养殖桩。

夏季2号勘测断面的地形形态及底质分布情况如图8所示。近岸沙滩似有粗化趋势;大片淤泥的中值粒径平均为0.013 mm,比冬季粗。泥滩坡度约为1/300。

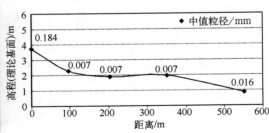

图7 2号勘测断面的地貌、地形及底质分布情况(冬季)

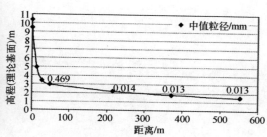

图 8　2 号勘测断面的地貌、地形及底质分布情况（夏季）

可以看出，在夏季南向来浪的作用下，滩面泥沙有粗化趋势。

3.1.4　3 号勘测断面

3.1.4.1　冬季

3 号勘测断面位于 2 号断面东侧 1 500 m 处。

冬季 3 号勘测断面长 570 m。断面形态与 2 号断面类似，近岸为沙质滩，向海表层淤泥厚度逐渐增加，底层是粉砂。

冬季 3 号勘测断面形态及底质分布情况如图 9 所示，近岸区有局部沙滩，离岸 100 m 外表层泥质滩面中值粒径为 0.016 mm，整个滩面表层泥沙中值粒径平均值为 0.007 mm；底层粉砂中值粒径平均值为 0.06 mm。滩面坡度约为 1/320。

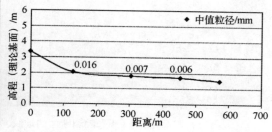

图 9　3 号勘测断面的地貌、地形和底质分布情况（冬季）

3.1.4.2　夏季

夏季 3 号断面勘测长度为 756 m。断面起点与冬季一致，走向与冬季略有差别。近岸有宽 15 m 左右的沙滩，向海表层淤泥厚约 5~10 cm，淤泥层下为 0.2~0.3 mm 的中、细沙，滩面上有零星养殖用的桩。

夏季 3 号断面形态及底质分布情况如图 10 所示。现场基本是沿着渔民趟出的水道取样，水道中基本为沙质。滩面坡度约为 1/480。

从冬季和夏季断面考察情况来看，安海湾出口两侧，大面积养殖和厚厚的淤泥形态特点基本没有变化。

图 10　3 号勘测断面的地貌、地形和底质分布情况（夏季）

3.1.5　4 号勘测断面

3.1.5.1　冬季

4 号勘测断面位于塔头村附近海岸。冬季勘测断面长 1 300 m。表层为厚 20 cm 左右的淤泥，底层是粉砂。

4 号勘测断面的地形形态及底质分布情况如图 11 所示，表层淤泥中值粒径为 0.008 mm，底层粉砂中值粒径平均值为 0.06 mm。冬季勘测断面坡度约为 1/510。

图 11　4 号勘测断面的地貌、地形和底质分布情况（冬季）

水深处有很多养殖紫菜的木桩排绳架，图 11 为紫菜养殖区及表层泥沙中值粒径分布情况。

3.1.5.2　夏季

4 号断面夏季勘测路线与冬季基本一致，断面形态没有变化。近岸有局部沙滩，沙滩海侧滩面表层为淤泥，泥沙中值粒径为 0.011 ~ 0.047 mm，底层为中值粒径 0.021 ~ 0.145 mm 的粉砂、细沙。断面地形形态及底质分布情况如图 12 所示。岸滩坡度约为 1/550。

夏季与冬季相比，岸滩泥沙呈现明显粗化现象。

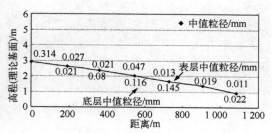

图12　4号勘测断面的地貌、地形和底质分布情况（夏季）

3.1.6　5号勘测断面

3.1.6.1　冬季

5号勘测断面位于湖尾村附近海岸。5号断面冬季勘测长430 m。冬季地形形态及底质分布情况如图13所示，岸滩坡度约为1/410，表层局部为稀泥。自5号断面向东岸滩逐渐呈现沙质岸滩特征。

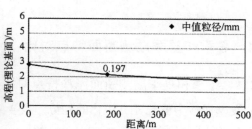

图13　5号勘测断面的地貌、地形和底质分布情况（冬季）

3.1.6.2　夏季

5号断面夏季勘测长度700 m左右。与冬季相比，断面形态基本没有变化。近岸300 m滩面表层泥沙中值粒径为0.015~0.057 mm，基本为粉砂。底层泥沙中值粒径为0.21~0.28 mm。离岸400 m外基本呈沙质特点。岸滩坡度为1/540。地貌形态如图14所示。

3.1.7　6号勘测断面

6号勘测断面位于塘东村，为一西北向延伸入海的沙堤，堤头带弯钩，形似汤勺，长约1 200 m，沙堤形态及地貌特征如图15所示。塘东沙堤堤顶多贝壳，高潮位水下部分主要为中沙，中值粒径为0.34~0.45 mm。堤身两侧岸滩坡度平均为1/30左右。

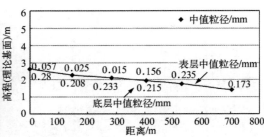

图 14 　 5 号勘测断面的地貌、地形和底质分布情况（夏季）

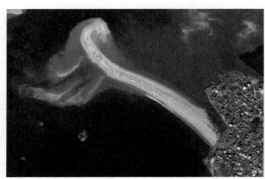

图 15 　 6 号勘测断面的地貌形态

3.2 　 冬季和夏季勘测断面特点对比

3.2.1 　 冬季和夏季勘测断面泥沙特点对比

夏季泥沙中值粒径有粗化的趋势。表 4 为冬季和夏季断面底质取样分析对比，冬季断面表层淤泥中值粒径为 0.006 ~ 0.016 mm，而夏季底质表层淤泥中值粒径为 0.011 ~ 0.019 mm。夏季底质粒径小于 0.011 mm 的淤泥已不存在。

产生这一现象的原因是本海域冬季东北风居多，离岸浪对近岸岸滩的掀沙作用较小，加之当地潮流随水深的减少而减弱，较细颗粒逐渐回淤在浅水区。夏季时当地东南风居多，东南向的风浪掀沙作用较强，"波浪掀沙、潮流输沙"的结果使滩面表层较细颗粒泥沙被大量输移到大嶝岛附近水域，而围头湾滩面底质粗化。

表 4 　 各勘测断面冬季和夏季底质表层淤泥中值粒径（mm）分析对比

断面	冬季		夏季	
	范围	平均值	范围	平均值
1	0.009 ~ 0.010	0.008	0.011 ~ 0.018	0.014
2	0.007 ~ 0.016	0.009	0.013 ~ 0.014	0.013

续表

断面	冬季		夏季	
	范围	平均值	范围	平均值
3	0.007~0.016	0.012	0.013~0.021	0.017
4	0.006~0.009	0.008	0.011~0.019	0.018

3.2.2 冬季和夏季勘测断面地形变化特点对比

图 16 至图 21 为课题组 2007 年现场勘测各断面地形，与 2010 年 1—3 月水深地形测图对应断面比较，除位于安海湾出口两侧的 1 号和 2 号断面处因淤泥层较厚，地形测量难度较大，产生一定差别外，其他断面基本一致。

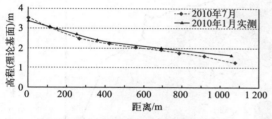

图 16 0 号断面测量地形与海图比较

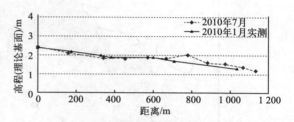

图 17 1 号断面测量地形与海图比较

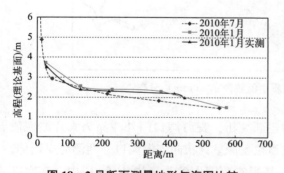

图 18 2 号断面测量地形与海图比较

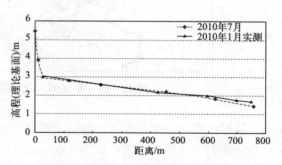

图 19 3 号断面测量地形与海图比较

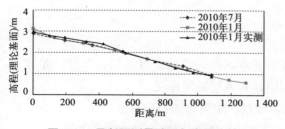

图 20 4 号断面测量地形与海图比较

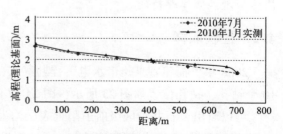

图 21 5 号断面测量地形与海图比较

4　关于围头湾岸滩特性的其他现场资料

4.1　底沙特性

2009 年 7 月曾在围头湾及安海湾内均匀布置了 100 个底质取样点，图 22 为围头湾底质中值粒径（d_{50}）分布。

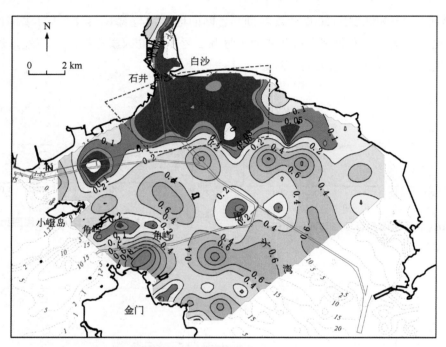

图 22　围头湾 2009 年 7 月底质中值粒径 d_{50}（mm）分布

从底沙粒径分布来看，从湾顶至湾口底沙逐渐变粗，安海湾口门外滩涂为大片淤泥质粉砂，床面泥沙平均中值粒径为 0.02 mm。细颗粒泥沙呈翼状向安海湾口外两侧海岸延伸，显然岸滩上细颗粒泥沙主要由安海湾内提供，其影响范围大致为离岸 4 km 以内。在水深 −5 m 以深海域底质粒径达到 0.4~0.6 mm。显然如没有安海湾的细颗粒输沙的影响，围头湾应呈现沙质岸滩特征。

4.2　柱状取样

2008 年，福建省泉州市水电工程勘察院在石井港区和航道处进行了柱状取样，布置了 10 个钻孔，钻孔位置如图 23 所示，图 24 为不同钻孔表层淤泥厚度。

可以看出，石井港区级航道附近表层均为淤泥层，离安海湾口门较远的 ZK1 和 ZK4 处淤泥厚度较小；最大淤积厚度达 7.8 m，位于安海湾口门外拦门沙位置 ZK9 孔处。

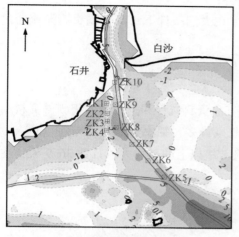

图23 石井港区钻孔位置图

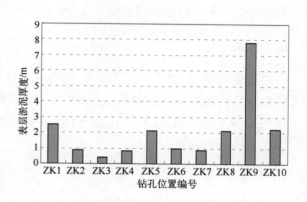

图24 钻孔表层淤泥厚度分布

5 从动力学角度进一步分析现场观测资料

5.1 围头湾潮汐潮流特点

图25为围头湾和大嶝海域涨、落潮半潮平均流速等值线分布情况（物理模型试验成果），结合现场资料分析，围头湾潮汐潮流有以下特点：

（1）围头湾海域潮波为正规半日潮，潮差较大，属强潮海域；

（2）围头湾海域潮流呈现良好的往复流运动特点，水流流向单一平顺，基本与等深线走向一致；

（3）从流速分布来看，最大流速位于围头湾口门附近及金门岛北侧的深槽处，流速最小的区域位于围头湾滩面水域及大嶝岛西南侧汇流分流区。大潮条件下主流区水域平均流

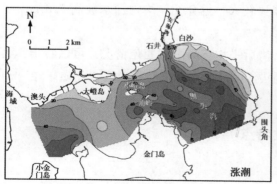

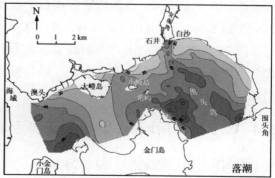

图25 围头湾及大嶝海域涨、落潮平均流速（cm/s）分布

速为 0.5 m/s 左右，近岸浅滩流速基本小于 0.2 m/s；

（4）金门岛北侧水道中有自东向西的净输水，在大潮条件下每潮自围头湾潮流通过小嶝岛断面自东向西的净输水量为 4×10^7 m³ 左右。

5.2 风

图 26 和图 27 为晋江市气象站 1960—1980 年气象资料统计和围头角近年测得资料绘制成的当地风频率分布玫瑰图。可以看出，全年东北风最多，频率为 21%。夏季（6—8 月）以 SSW 风为主，其他季节均以 NE 风为主。8 级及 8 级以上的平均大风日数 36.9 天，主要出现在秋、冬两季。

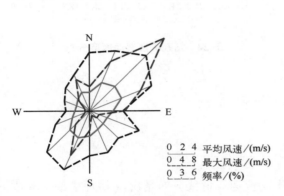

图 26 晋江市气象站资料风玫瑰图

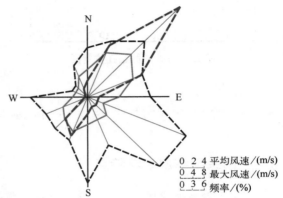

图 27 围头角站风向风速频率分布玫瑰图

5.3 围头湾波浪

虽然 1961—1979 年在围头角外布置有一个简易波浪观测站，根据该站观测资料进行统计分析后，发现该资料精度和可信性较差。下面主要介绍已有的波浪数值分析结果。

围头湾口朝向东南，口门宽 12 km，外海南向来浪很容易传入湾内，但是由于湾内海底平缓，水浅多潮滩，波浪传播时能量沿程损失较大，据介绍，湾外深水波高 7.8 m，折射后至白沙头处波高仅为 1.32 m，波能减少了 97%。

图 28 为数值计算 SE 向外海波浪进入围头湾后平均波高沿程变化情况，可以看出，大部分近岸区平均波高仅 0.4 m 左右，即表明围头湾大部分岸滩目前已接近"泥质岸滩"动力环境。

5.4 围头湾岸段地形、地貌及泥沙运动特点

5.4.1 围头湾岸段地形、地貌特点

（1）围头湾岸滩本底应属于沙质岸滩。围头湾内河流主要是山溪河流，在历史上曾提供了大量粗颗粒泥沙入海，在夏季南向波浪作用下沙质岸滩典型的沿岸输沙运动形成了北

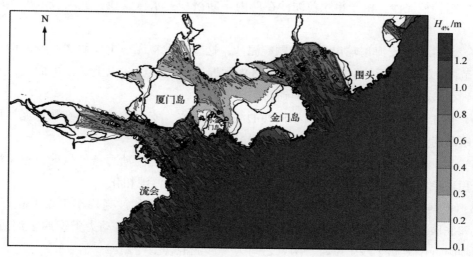

图28　SE 方向年平均波高 $H_{4\%}$ 分布（平均潮位）

沙堤和塘东沙堤，而且充填了围头湾大部分海域（图22），使围头湾海域水深变浅，波浪输沙作用也逐渐减弱。

（2）安海湾口门外宽阔的泥滩。如前所述，本海域为强潮海域，近几十年安海湾随潮输出大量细颗粒泥沙（可能是石料工业所提供），这些细颗粒泥沙由落潮流输运并落淤在安海湾口门附近浅滩上，在安海湾口门外形成了宽阔平缓的淤泥和粉砂质泥滩，淤泥厚度可达 50 cm 以上。安海湾口外西侧泥滩分布范围直到小嶝岛附近，安海湾口外东侧泥滩分布范围直到塘东沙堤附近。

（3）近海养殖助长了细颗粒泥沙的淤积。从菊江码头到塘东沙坝附近的滩面上均有大片海蛎养殖区和紫菜养殖区。养殖区内密密麻麻分布着石桩、木桩、木桩排绳架，这些构筑物是削浪促淤的重要因素。

5.4.2　围头湾岸段泥沙运动特点

如前所述，根据底质条件可以认为围头湾本底属于沙质岸滩，由于粗颗粒泥沙的不断淤积、湾内水深变浅，波浪、水流强度也随之减弱，海洋动力挟带输移泥沙的能力也随之减弱。近几十年，安海湾输出大量细颗粒泥沙，这些较细颗粒泥沙主要回淤在安海湾口门附近滩涂，其中一部分随着自东向西潮流的净输水，输移到大嶝岛附近水域，并回淤在金门岛北的汇流区，这也可能是大嶝岛南侧文昌鱼保护区底质泥化的主要原因。

6　结　语

（1）通过对菊江码头—围头港岸段的现场勘测分析工作，对此岸段海岸地貌、动力环境和泥沙运动特点有了一定深度的理解和认识。

（2）围头湾本底为沙质岸滩。围头湾周边的河流多为山溪河道，长期以来为围头湾供应了大量粗颗粒泥沙，由于粗颗粒泥沙在湾内不断淤积、水深变浅，波浪、水流强度也随之减弱。

（3）近几十年安海湾输出大量细颗粒泥沙，这些细颗粒泥沙主要回淤在安海湾口门两侧岸滩范围，口门附近的海蛎、紫菜养殖区淤泥厚度可达 50 cm 以上。在平面上，西侧泥滩范围到小嶝岛附近，东侧泥滩范围到塘东沙堤以北。

（4）由于金门岛北水道存在自东向西的潮流净输水，安海湾输出的细颗粒泥沙可以输移到大嶝岛附近水域，并回淤在金门岛北侧汇流区。

（5）勘测资料表明，在冬季北向离岸浪条件下，围头湾内动力条件较弱，近岸滩面上淤泥淤积现象明显，夏季在较强的南向风浪作用下，表层淤泥粗化。

（6）根据现场勘测资料分析，围头湾大部分海岸范围平均波高均小于 0.4 m，综合岸滩坡度和底质条件后可知，围头湾北部（安海湾口门附近）岸滩动力类型属于泥质岸滩，塘东沙坝附近岸滩属于沙质岸滩，两者之间为"沙泥混合型"岸滩。

（7）围头湾的"沙泥混合型"岸滩的形成机制与同安湾的"沙泥混合型"岸滩有所不同。通过现场大量的勘测分析，我们对围头湾岸滩的动力地貌和泥沙运动特点有了一定程度的认识，还有很多问题还需要做更多的工作。

海州湾及连云港岸滩动力特征现场勘测调查

1 概述

1.1 背景

早在 2007 年，课题组为进行人工沙滩研究工作，对我国比较典型的部分天然沙滩和海滨浴场进行了调查，包括连云港的 5 个沙滩，其中比较典型的是墟沟人工沙滩，在 2007 年 2—3 月调查时发现，墟沟人工沙滩建成后半年左右就发生比较明显的泥化现象；为此率先提出了人工沙滩的"泥化"问题，并进行了一些现场勘查工作。

2011 年 3 月，连云港金海岸开发建设有限公司委托南京水利科学研究院进行连云新城岸段海洋景观环境整治及建设人工沙滩的技术可行性研究。根据规定的技术路线，需进行现场勘测调查工作，包括：

（1）海州湾近岸区岸滩动力环境特征勘测调查；

（2）连云新城围海工程附近天然沙滩的地形地貌、动力特征勘测。

图 1 为海州湾及附近水域勘测断面位置和底质采样位置示意。表 1 为勘测断面起点坐标。

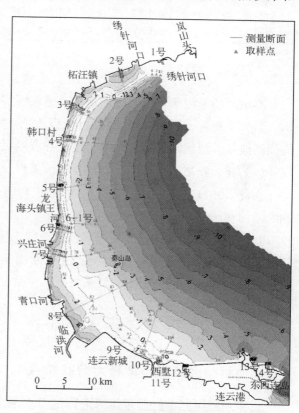

图 1　海州湾及附近水域勘测断面位置和底质采样位置示意

表1 海州湾近岸勘测断面和底质取样断面起始点（岸）坐标

断面编号	断面名称	X	Y	说明
1	绣针河北	438 641.92	3 884 491.57	底质取样
2	柘汪河北	433 797.02	3 883 243.17	底质取样，断面测量
3	韩口村北	428 106.80	3 878 881.18	底质取样，断面测量
4	韩口村	427 268.06	3 874 911.88	底质取样，断面测量
5	韩口村南	426 584.68	3 869 196.99	底质取样，断面测量
6	海头镇	426 572.52	3 864 590.18	底质取样，断面测量
7	兴庄河口	425 672.86	3 861 636.86	底质取样，断面测量
8	临洪河口北	427 650.90	3 854 413.54	底质取样，断面测量
9	连云新城西	434 360.85	3 850 863.99	底质取样，断面测量
10	连云新城东	436 911.67	3 849 499.53	底质取样，断面测量
11	西墅天然沙滩	438 811.32	3 848 521.08	底质取样，断面测量
12	墟沟人工沙滩	441 942.58	3 848 067.57	底质取样
13	连岛苏马湾	449 886.62	3 848 929.85	底质取样
14	连岛大沙湾	451 673.19	3 848 472.65	底质取样

1.2 目的和内容

本次现场勘测工作主要目的是：通过现场实地踏勘、典型断面剖面测量及底质取样分析，全面掌握连云新城岸段及附近几个天然沙滩的地貌特征、沙滩形态及动力环境，结合海州湾波场、流场数值模拟结果，设法寻求淤泥质海岸能够形成天然沙滩的动力学机制和规律，为连云新城围堤外海景观环境整治工程及建设人工沙滩的可行性研究提供依据。

为此，2011年3月25—26日，课题组自海州湾北端岚山头向南直至黄窝，进行了观测断面的初步考察和勘测计划的安排调整。

4月2日和10日课题组两次到连云新城工程区进一步落实现场工作具体事宜。

4月14—18日课题组对海州湾12条断面、连岛2条断面的近岸地貌、底质、沙滩等进行了陆地和海上勘测工作，共采集底质样品130个，测量岸滩勘测剖面9条。

2 海州湾及连云港近岸区岸滩动力环境特征勘测调查

2.1 勘测断面及底质取样点分布特点

近年一些研究单位在海州湾进行过多次底质采样，其中比较全面的是2005年9月和2006年3月的海州湾大范围取样，以及2008年11月临洪河口附近的取样工作。图2为这些取样点分布情况。可以看出，取样范围多分布在近海区域，近岸区较少。

本次研究重点偏重于近岸水域，同时适当兼顾近海区域。底质取样点按勘测断面进行布置，以便于与当地地形、潮流以及波浪动力条件进行综合分析研究。本次现场工作取样点分布如图2和图3所示，共布置了14条断面，130多个底质采样点。

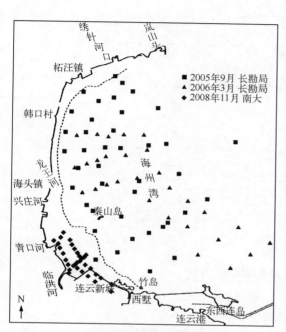

图2 近年海州湾底质取样点分布

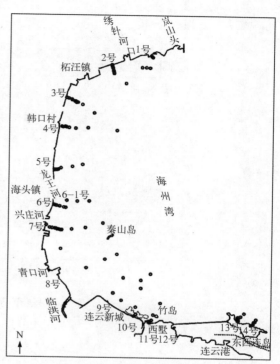

图3 2011年4月近岸底质取样点分布

2.2 岸滩剖面与粒径分布特点

图4至图18为本次各观测断面的剖面地形形态及表层泥沙样品的中值粒径数据，表2为各断面地貌特征值，由图、表可知：

（1）海州湾北部，即从岚山头至兴庄河口（断面1~7号），基本为沙质或粉砂质岸滩（位于绣针河口南侧的2号断面除外），底质中值粒径为0.2~0.4 mm，沙泥分界线大致在理论基面附近；

（2）在兴庄河口附近岸滩断面处底质呈现沙泥混合特点，这一现象表明海州湾近岸底质分布以兴庄河口分界；

（3）青口河以南包括临洪河口、连云新城外侧广泛分布着大范围的淤泥质岸滩，8~10号断面近岸区表层底质中值粒径为0.008~0.01 mm；

（4）11号（西墅）、13号（大沙湾）、14号（苏马湾）断面近岸区为天然沙滩，底质中值粒径范围主要为0.2~0.5 mm；12号（墟沟）目前为人工沙滩，底质中值粒径为0.3 mm。

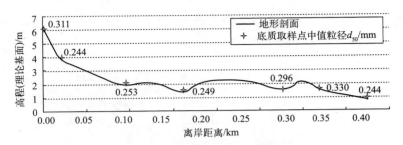

图4　1号断面及底质取样点分布

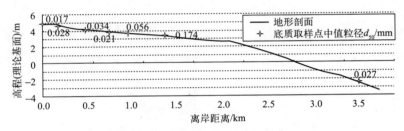

图5　2号断面及底质取样点分布

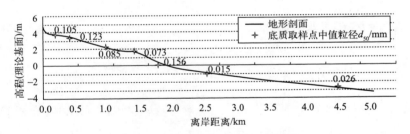

图6　3号断面及底质取样点分布

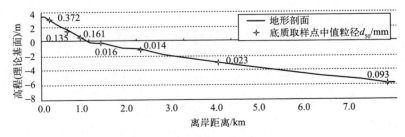

图7　4号断面及底质取样点分布

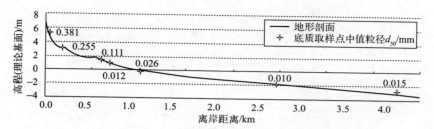

图 8　5 号断面及底质取样点分布

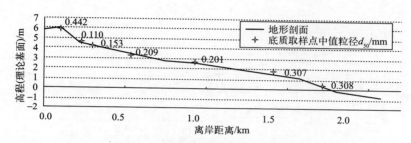

图 9　6 号断面及底质取样点分布

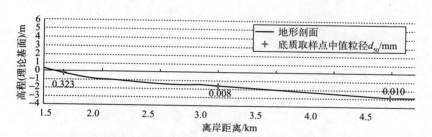

图 10　6-1 号断面（近海）及底质取样点分布

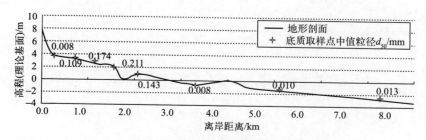

图 11　7 号断面及底质取样点分布

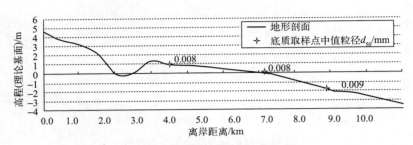

图12　8号断面及底质取样点分布

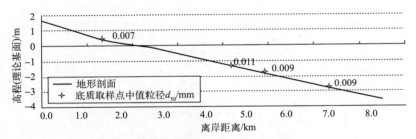

图13　9号断面及底质取样点分布

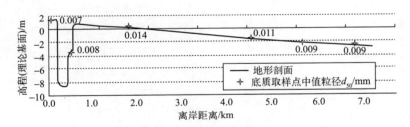

图14　10号断面及底质取样点分布

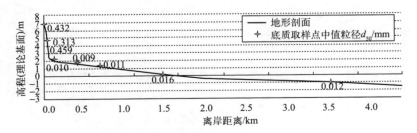

图15　11号断面（西墅沙滩）底质取样点分布

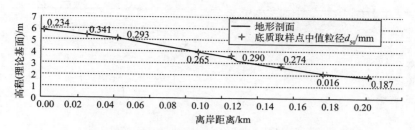

图16 12号断面（墟沟湾）及底质取样点分布

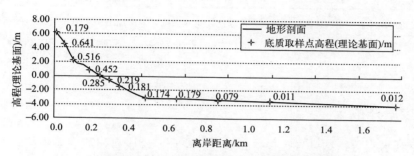

图17 13号断面（大沙湾）及底质取样点分布

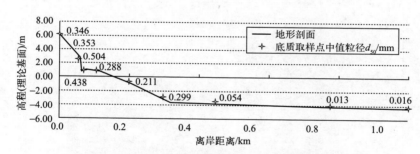

图18 14号断面（苏马湾）及底质取样点分布

表2 海州湾及连云港近岸区观测断面概况

断面编号	断面名称	近岸区泥沙中值粒径 d_{50}/mm	年平均波高 H_s/m	平均坡度	岸滩类型	沙泥分界线高程（理论基面）/m
1	绣针河北	0.280	—	1/70	沙质岸滩	—
2	柘汪河北	0.051	—	1/605	沙泥混合	—
3	韩口村北	0.103	—	1/372	沙质岸滩	—
4	韩口村	0.188	—	1/282	沙质岸滩	0
5	韩口村南	0.205	0.41	1/152	沙质岸滩	0
6	海头镇	0.344	0.44	1/306	沙质岸滩	−1
7	兴庄河口	0.148	0.42	1/447	沙泥混合	0
8	临洪河口北	0.008	0.45	1/1300	泥质岸滩	—

断面编号	断面名称	近岸区泥沙中值粒径 d_{50}/mm	年平均波高 H_s/m	平均坡度	岸滩类型	沙泥分界线高程（理论基面）/m
9	连云新城西	0.007	0.43	1/1246	泥质岸滩	—
10	连云新城东	0.011	0.43	1/1597	泥质岸滩	—
11	西墅	0.380，0.011	0.40	1/9，1/635	沙泥混合	+2.5
12	墟沟	0.250	0.12	1/40	沙泥混合	+3
13	苏马湾	0.430	0.60	1/40	沙质岸滩	−3
14	大沙湾	0.350	0.60	1/40	沙质岸滩	−3

　　说明：本文定义近岸岸滩坡度指当地大潮平均高、低潮位之间（大致为等深线 1.0~5.0 m 范围）滩面平均坡度，近岸区泥沙中值粒径指等深线 0 m 以上平均中值粒径，波高为 0 m 等深线处波高；西墅断面分沙滩区和沙滩以下至等深线 0 m 之间分别统计。

2.3　海州湾底质分布

　　将本次的底质粒径分析结果与已有的成果进行综合，绘成海州湾底质中值粒径分布如图 19 所示。

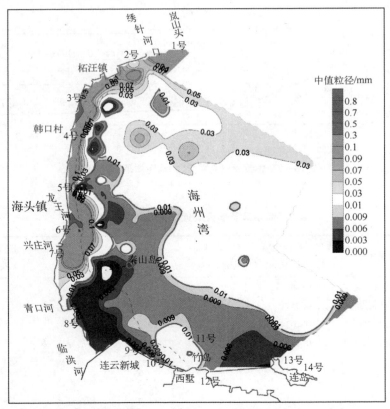

图 19　综合多次取样资料绘制的海州湾底质泥沙中值粒径分布

由图 19 可以看出，中值粒径小于 0.01 mm 的泥质泥沙主要分布在兴庄河口—连岛范围的海域，零星分布在兴庄河口—秦山岛以北的近海区，说明来自废黄河口的细颗粒泥沙流绕过秦山岛少量扩散在海州湾北部。中值粒径 0.01~0.1 mm 的粉砂质泥沙，主要分布在海州湾北部近海区。中值粒径 0.1~0.8 mm 的沙质泥沙，主要分布在兴庄河口—秦山岛以北的近岸区。

2.4 连云新城附近岸滩泥沙来源和输移

连云新城岸段附近主要有 3 种泥沙来源：海岸侵蚀来沙；沿岸河口的径流输沙；当地波浪掀沙。海岸侵蚀来沙分为两个部分：一是来自北端的岚山头至海头岸段的侵蚀来沙；二是来自南侧的废黄河口岸滩的侵蚀来沙。北侧的侵蚀来沙主要为较粗颗粒沙质泥沙，在波浪作用下可沿岸输运至兴庄河口—秦山岛的近岸区。南侧来沙主要为细颗粒泥质泥沙，在潮流输运下可到达韩口村附近近海区；多年来废黄河口以北岸线进行了大量固岸、保滩、围垦工程，由南侧输移来的细颗粒泥沙呈逐年降低的趋势。

工程区以北的河流有绣针河、龙王河、兴庄河、临洪河，以南的有烧香河、新淮河和灌河，其中绣针河、龙王河、兴庄河、烧香河、新淮河径流量很小，对海域泥沙影响很小。临洪河径流量稍大，但其上游已建有水库，直接输送到海域的泥沙量很少。灌河是连云港南面的最主要河流，但上游来沙量很少。因此，附近河流对连云新城工程区影响很小。

连云新城工程区附近的大片淤泥质浅滩坡度为 1/1 000~1/700，外海传播的波浪到此形成宽广的破波区，风浪的掀沙作用也较明显，因此波浪掀沙、潮流输沙是本区域泥沙运动的主要特点。

前人研究认为：黄河北归、长江口南迁以及北支河流分沙比减少，表明江苏海岸目前已无巨量泥沙的来源。灌河、沂河、沭河等较小河流不能成为影响江苏海岸的重大因素。江苏海岸之所以尚有相当长的海岸线处于淤积状态，其泥沙主要来源于江苏自身受侵蚀的海岸与海底。尽管江苏海岸带泥沙运动仍相当活跃，但可以认为目前江苏海岸带是一个准封闭的泥沙系统。

总的来说，径流输沙对工程区影响微小，连云新城岸段以北岚山头—海头的海岸侵蚀泥沙到兴庄河口—秦山岛即被切断，废黄河口近年来大量的护岸、固滩、围垦工程使南来的泥沙逐年减少，因此工程区的泥沙可定性为本区域泥沙的就地输运搬移，是准封闭的泥沙系统。

3 连云新城附近天然沙滩的动力和地貌特征分析

连云新城岸段附近的连云港海岸，长期以来就存在 5 个天然沙滩，图 20 为这 5 个天然沙滩的位置分布示意。

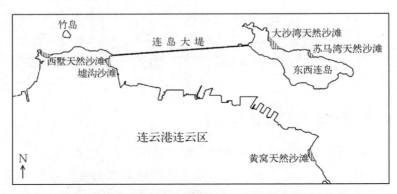

图 20　连云港淤泥质海岸环境下 5 个天然沙滩位置示意

　　连云港海岸为典型淤泥质海岸，本研究通过现场勘测调查和当地动力条件的计算分析，设法探讨淤泥质海岸条件下，天然沙滩能够存在的海洋动力环境和有关的地形地貌特点，在此基础上进一步讨论其动力学机制。

3.1　连云港海域 5 个天然沙滩简介

3.1.1　天然沙滩平面形态特点

　　表 3 为连云港海域 5 个天然沙滩的几何平面形态特征值，图 21 至图 25 为沙滩卫星图片和最近的照片。由这些图和表可以看出，连云港海域这 5 个天然沙滩在平面形态上具有以下特点：

　　（1）天然沙滩平面形态均为内凹弧型海湾，沙滩湾两端有岬角地貌；

　　（2）天然沙滩湾口门基本正对着 NNE—ENE 向，即强浪向方向。

表 3　连云港海域各天然沙滩平面形态特点

沙滩名称	沙滩湾口门宽/m	沙滩湾中部径深距离/m	沙滩湾口门方位/（°）	说明
西墅	550	207	NNE （20）	原海滨浴场已废弃
墟沟	480	180	E （87）	1990 年建成连岛大堤 2006 年建人工沙滩
大沙湾	850	310	NE （38）	目前为海滨浴场
苏马湾	300	160	NE （38）	目前为海滨浴场
黄窝	650	240	ENE （70）	2011 年开始被围填

图 21　西墅沙滩（右侧照片为 2011 年拍摄）

图 22　墟沟沙滩（右侧照片为 2010 年拍摄）

图 23　大沙湾沙滩（右侧照片为 2011 年拍摄）

图 24　苏马湾沙滩（右侧照片为 2011 年拍摄）

图 25　黄窝沙滩（右侧照片为 2007 年拍摄）

3.1.2　天然沙滩剖面形态特点

连云港海域 4 个天然沙滩（因墟沟沙滩仅有人工沙滩资料，不包括在内），剖面情况如图 26 所示。在表 4 中进一步列出 5 个沙滩剖面的一些特征参数。

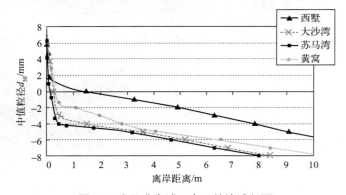

图 26　连云港海域 4 个天然沙滩剖面

表4　5个沙滩剖面特征参数

沙滩名称	潮上带宽度 /m	潮间带宽度 /m	潮间带坡度	潮下带坡度	沙泥分界线高程（理论基面）/m
西墅	28	28	1/9（沙滩）	1/1 550	理论基面以上 2.5 m
墟沟	100（人工沙滩）		1/40	—	—
大沙湾	90	220	1/40	1/1 580	理论基面以下
苏马湾	57	140	1/40	1/1 620	
黄窝	30	160	1/40	1/1 670	

由图26及表4可以看出，天然沙滩潮上带大致宽28~90 m，潮间带沙滩坡度除了西墅沙滩外近岸沙滩坡度较陡，均为1/40；离岸500 m外坡度较缓，潮下带沙滩坡度基本为1/1 600左右。由图26还可以看出，天然优质沙滩离岸500 m外处滩面高程都在理论基面-2.0 m以下，沙泥分界线高程也都在理论基面以下，即沙滩前沿水深较大。

西墅沙滩近年因受人为因素影响，近岸区发生较强泥沙回淤，近岸60 m外海床在理论基面以上1.0 m左右，沙泥分界线高程在理论基面以上2.5 m左右。

墟沟沙滩目前为人工沙滩，表4所列参数已不能反映原始天然条件。

3.2　天然沙滩动力条件特点

3.2.1　连云港海域波浪场、潮流场分布

图27、图28和图29分别为数值计算连云港海域波浪场和潮流场分布情况。由波高

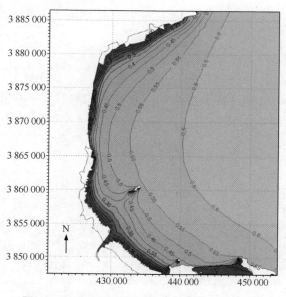

图27　平均潮位 NE 向平均波高 H_s（m）分布

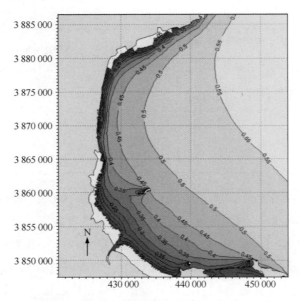

图 28 平均潮位 E 向平均波高 H_s（m）分布

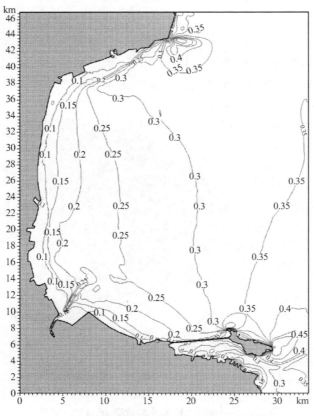

图 29 海州湾全潮平均流速（m/s）等值线

分布图看，连岛外侧苏马湾和大沙湾波浪最强；西墅外海域地形平缓，水深小，西墅沙滩处波浪相对较小；由于连岛大堤的建成，墟沟沙滩在连云港环抱式港区顶部，波浪最小。

由潮流场看，海州湾南部主要为向岸−离岸往复流，近岸流速很小；连岛外侧为海州湾和连云港港区两水流的汇流和分流区，近岸流速小，离岸一定距离后流速明显增大；墟沟沙滩在连云港港区港池顶部，流速最小。

3.2.2 天然沙滩平面形态与强浪向之间关系

如前所述，连云港回淤天然沙滩单元口门一般均正对着强浪向。图 30 至图 32 为 5 个沙滩平面形态与连云港地区波浪能量分布之间关系，可以看出，外海来浪能量主要集中在 NE—NNE 范围内，而除墟沟沙滩外，外海来浪基本均可直接作用于各天然沙滩。

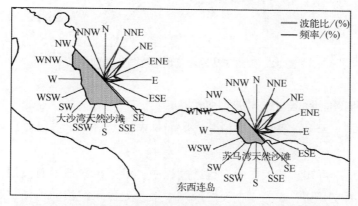

图 30　大沙湾天然沙滩和苏马湾天然沙滩平面形态与强浪向关系

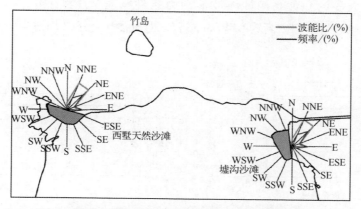

图 31　西墅天然沙滩和墟沟沙滩平面形态与强浪向关系

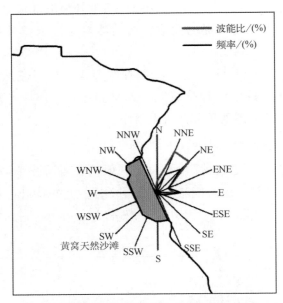

图 32   黄窝天然沙滩平面形态与强浪向关系

3.2.3   天然沙滩剖面形态与近岸波浪强度

前面分析表明，连云港天然沙滩单元海湾的平面形态特点可以满足较强波浪较少受到边界的掩护影响，直接到达沙滩海域。

由波浪传播理论可知，波浪在向岸行进过程中，沿程床面地形对波浪的传播变形和损耗有重要影响。图 33 至图 36 为 4 个天然沙滩中轴线处深水波浪向沙滩传播过程中，平均波高沿程分布情况。

为便于比较，将 4 个沙滩平均波高沿程分布同时绘制于图 37 中。

可以看出，大沙湾和苏马湾沙滩波浪动力条件相当，沙滩近岸平均波高为 0.55 ~ 0.60 m，黄窝沙滩近岸平均波高为 0.45 m 左右，西墅沙滩近岸平均波高已经小于 0.30 m。

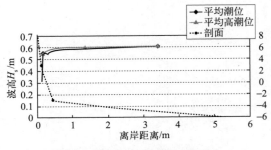

图 33   苏马湾沙滩波高沿程分布

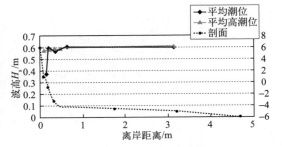

图 34   大沙湾沙滩波高沿程分布

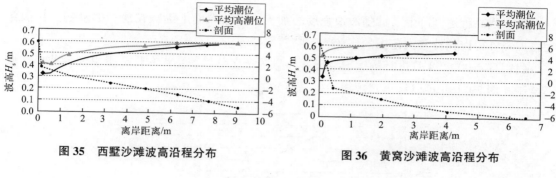

图 35   西墅沙滩波高沿程分布   图 36   黄窝沙滩波高沿程分布

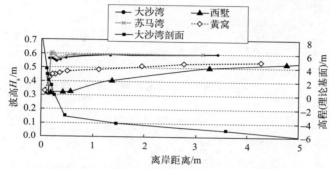

图 37   连云港各天然沙滩波浪向岸行进过程中平均波高沿程分布

即沙滩外水深较大，波浪在向岸行进过程中损耗较少，在沙滩滩面范围内存在较强的波浪条件，大量现场资料表明，较强的波浪条件是保证沙滩不会发生泥化的最重要的动力因素。

表 5 为我国 12 个海滨浴场某年实测波浪情况。

由表 5 可知，三亚、海口、北海和烟台 4 个海滨浴场测到最大波高为 3.0~3.7 m；闸坡、厦门、连云港、日照、青岛和威海 6 个海滨浴场最大波高在 2.0~2.6 m 之间。均受台风浪影响。各海滨浴场平均波高大小主要取决于各浴场地形条件，但需指出，平均波高均大于 0.5 m。

表 5   我国 12 个海滨浴场某年实测波高（m）

名称	三亚	海口	北海	闸坡	厦门	连云港	日照	青岛	威海	烟台	秦皇岛	大连
最大波高	3.5	3.0	3.5	2.0	2.0	2.3	2.2	2.5	2.6	3.7	1.4	1.7
平均波高	1.1	0.7	0.7	1.0	0.6	0.6	0.7	0.7	0.6	0.6	0.5	0.5

3.2.4   波浪强度与岸滩沙泥分界线之间关系

2007 年，我们在研究厦门湾 30 个岸滩剖面动力环境及岸滩泥沙分布特点时，发现厦门湾内一部分岸滩，仅在近岸区存在一定宽度的沙质沙滩，其外侧即为泥质岸滩，研究表明，岸滩的沙泥分界线与当地近岸平均波高密切相关。图 38 为厦门湾各观测岸滩剖面的年平均波高与沙泥分界线高程之间关系。可以看出，随着近岸区年平均波高的增大，岸滩的沙泥分界线高程逐渐降低，即随波浪强度的加大，岸滩滩面上细颗粒泥沙的悬扬、扩散作用将加强，得以保持较大范围的比较均匀的沙质岸滩。

我们将 2011 年 4 月进行的连云港天然沙滩的沙泥分界线高程和计算得出的各处平均波高绘制在图 39 上。可以看出其规律性也是明显的。

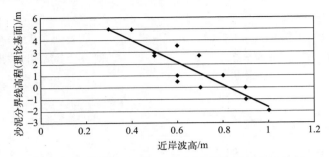

图38　厦门湾天然沙滩平均波高与沙滩沙泥分界线高程关系

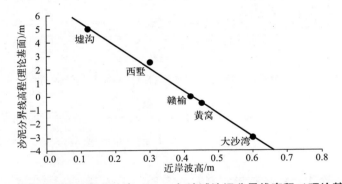

图39　连云港地区天然沙滩处波高（H_s）与沙滩沙泥分界线高程（理论基面）关系

3.2.5　潮流动力

图 40 为根据河海大学数学模型计算结果绘制的各沙滩中轴线上全潮平均流速沿程分布情况，可以看出，近岸 1 000 m 范围内流速迅速减小，离岸方向随水深增加流速逐渐增大。离岸 5 000 m 处平均流速为 0.35 m/s 左右，西墅滩涂水深较小，大致为 0.25 m/s。

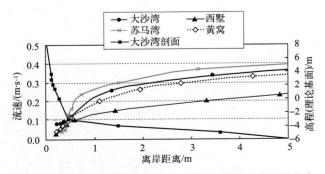

图40　连云港各天然沙滩中轴线处全潮平均流速沿程分布

3.2.6　淤泥质海岸能够存在天然沙滩的条件

（1）当地存在有一定强度且波向又比较集中的波浪条件。

（2）当地存在凹形小海湾，湾口法向与强波浪比较一致，既可以满足近岸沙滩区波浪较强，又不会产生较强的沿岸输沙，避免湾内泥沙流失。

（3）凹形海湾湾口外水深较大，既可以满足近岸沙滩区有较强波浪，又可以使近岸区含沙量较低，减少沙滩泥化的可能性。

总之，近岸区波浪强度（主要指波高条件）越大，近海区含沙量越低，则岸滩的沙泥分界线高程越低，沙滩的质量越高；否则，可能形成泥滩。

3.3　人类活动对天然沙滩的影响

（1）大路口吹泥站对大沙湾沙滩的影响。1983年由于港口建设的需要，建成大路口吹泥站，该站位于连岛现在的大沙湾地段，港内疏浚的淤泥可通过此吹泥站抛到大沙湾岸滩，至1991年，共处理疏浚土方达 $2.5×10^7$ m^3。

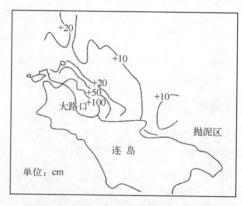

图41　吹泥结束时淤积等厚线

1983年3月8日至9月4日，进行排泥扩散试验，其间吹泥 $1.8×10^6$ m^3，其中 $1.2×10^6$ m^3 进入连岛北侧海域运移扩散，有 $0.85×10^6$ m^3 淤积在排泥口外 1.1 km 范围内（大致在 -3 m 等深线以内），由图41可以看出，此次吹泥使大沙湾滩面大范围淤积 1 m 以上。

在停止排泥2个月后进行的测量表明，新淤泥沙已基本消失，海滩恢复到排泥前的天然情况。经过10年的排泥，连岛北侧海滩并没有发生明显的变化。

（2）连云港西大堤的建设及近海养殖对西墅海滨浴场的影响。西大堤建成后，西墅沙滩前海域泥沙淤积速率有所增加，泥滩的淤浅及近海养殖使沙滩前波浪减小，西墅沙滩的沙泥分界线逐步抬高，沙滩的品质每况愈下，导致西墅海滨浴场最终被废弃，如图42和图43所示。

图42　西墅沙滩（中潮位时）

图 43　西墅沙滩最大宽度已不到 30 m（低潮位时大片泥滩露滩）

（3）连岛大堤的建设对墟沟沙滩的影响。20 世纪 80 年代末，连岛大堤建成后，墟沟天然沙滩处波浪明显减小，沙滩逐渐变成泥滩。2006 年 6 月连云港市耗资 4 000 万，建成墟沟人工沙滩（在海一方公园）（图 44），不久人工沙滩就出现明显的泥化现象（图 45 和图 46）。其后，因港区围海造地需要，在沙滩前水域清淤取泥，水深加大，含沙量降低，人工沙滩泥化现象也随之改善，如图 47 所示。这一过程表明，清淤对改善人工沙滩的泥化现象作用明显。

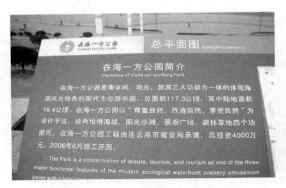

图 44　2006 年 6 月墟沟人工沙滩竣工　　　　图 45　2007 年 2 月墟沟人工沙滩上的泥化现象一

图 46　2007 年 2 月墟沟人工沙滩上的泥化现象二　　图 47　2011 年 4 月墟沟人工沙滩泥化现象有所改善

（4）围海工程对黄窝海滨浴场沙滩的影响。黄窝近岸原为较好的沙滩，近年来随着连云港港区的建设，外海建设围堤后，黄窝沙滩出现明显泥化现象（图48），随后沙滩上的沙被挖走，最后沙滩消失（图49和图50）。

人类活动对天然沙滩的影响基本是负面的。

图48　2011年3月，近海区已建围堤，黄窝天然沙滩出现泥化现象

图49　2011年6月，黄窝海滨浴场外建了围堤，沙滩上沙被挖走，天然沙滩消失

2007年3月改称为"凰窝"　　　　　　　　2011年6月依然称"黄窝"

图50　黄窝天然沙滩前后变化

4　总　结

通过对本次现场勘查成果与以往的研究、勘查成果的比较，主要有以下几点认识：

（1）海州湾整体地貌特点。资料表明，海州湾的底质分布格局未发生变化，在近岸区，兴庄河口以北为沙质岸滩，以南为淤泥质岸滩，连云新城所在区域为淤泥质岸滩。

（2）海州湾泥沙来源。海州湾淤泥质沉积物来源于废黄河口以北；由于黄河北归、长江口南迁，废黄河口以北的固滩、护岸、围垦工程使得南来的泥沙来源逐年减少。而连云新城岸段以北岚山头—海头的海岸侵蚀泥沙到兴庄河口—秦山岛即被切断。附近径流建闸导致输沙减少，灌河、沂河、沭河等较小河流的影响微小。工程区海域泥沙主要为当地床面泥沙的就地悬扬搬运，是准封闭的泥沙系统，已无大量泥沙进入工程区。

（3）淤泥质海岸能够存在天然沙滩的条件。连云港海岸为典型淤泥质海岸，但连云新城岸段附近长期存在 4 个天然沙滩，原因是：①当地存在一定强度且波向又比较集中的波浪条件；②当地存在凹形小海湾，湾口法向与强波浪基本一致，既可以满足近岸沙滩区波浪较强，又不会产生较强的沿岸输沙，避免湾内泥沙流失；③凹形海湾湾口外水深较大，既可以满足近岸沙滩区有较强波浪，又可以使近岸区含沙量较低，减少沙滩泥化的可能性。总之，近岸区波浪强度（主要指波高条件）越大，近海区含沙量越低，岸滩的沙泥分界线高程越低，沙滩的质量越高；否则，可能形成泥滩。

（4）近岸波浪强度与岸滩沙泥分界线之间关系。连云港海域各天然沙滩处现场勘测资料表明，随着近岸区年平均波高的增大，沙滩沙泥分界线高程逐渐降低，即随波浪强度的加大，岸滩滩面上细颗粒泥沙的悬扬、扩散作用将加强，得以保持较大范围的比较均匀的沙质岸滩。波浪是决定沙滩质量的主要动力因素。

（5）人类活动对天然沙滩的影响。现场勘测结果表明，在未充分掌握海洋动力环境与天然沙滩演变之间内在规律前，建议不要随意建设可能影响沙滩泥沙运动的海岸工程，否则人类活动对天然沙滩的影响基本是负面的，而且要对这种影响进行修复往往需要花费极大的代价。

浙江省象山县沙滩考察

1 象山概况

象山县隶属于浙江省宁波市，是一个典型的半岛县。全县陆域面积 1 382 km²，海域面积6 618 km²，海岸线 925 km。拥有大小岛屿 656 个，北部象山港为著名深水良港，南部石浦港是国家中心渔港和对台小额贸易试点口岸。象山地理位置如图 1 所示。

2011 年 8 月 11—13 日，南京水利科学研究院项目组对象山县沿海 5 个主要沙质岸滩进行了现场勘测并采样分析，以了解象山岸段的海岸状况，为相关研究工作的开展提供翔实可靠的现场资料。项目组从爵溪镇出发，沿海边向南一直到皇城沙滩，考察路线如图 1 所示。本次重点考察 5 个沙滩概况列于表 1，各沙滩代表断面上的观测点具体情况见表 2。

表 1 浙江省象山县 5 个沙滩概况

沙滩名称	沙滩情况			沙滩湾	备注
	长度/m	宽度/m	坡度	口门方向/（°）	
下沙	620	50	1/12	NE（50°）	有泥化现象
大岙	300	70	1/12	NE（52°）	有泥化现象
白沙湾	530	80（考察段）	1/15	SSE（150°）	沙细
松兰山	740	100（考察段）	1/23	E（82°）	沙细
皇城	1 500	130（考察段）	1/27	E（87°）	沙细，呈褐色

2 沙滩特征情况

2.1 下沙沙滩和大岙沙滩

下沙和大岙两个沙滩位于爵溪镇东部海边（图 2），两个沙滩南北相连，总长度约360 m，沙滩岸线呈西北—东南走向；两个沙滩之间为一突出于岸的岬角。沙滩所在海域北部有大平冈岛和乔木湾岛等大、小岛屿，东面有羊背山岛。受岛屿掩护，沙滩处波浪动力较弱，沙滩质量不是很好。

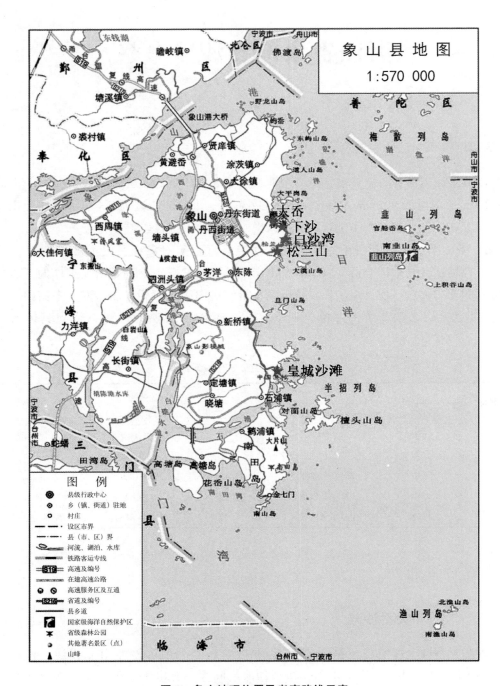

图1　象山地理位置及考察路线示意

表2　各沙滩断面观测点情况

沙滩	断面观测点编号	沙滩断面观测点坐标		观测点高程（理论基面）/m	中值粒径 d_{50}/mm	备注
		北纬	东经			
下沙	1	29°28′40.63″	121°57′20.94″	6.28	0.19	—
	2	29°28′41.60″	121°57′21.79″	3.28	0.34	—
	3	29°28′41.78″	121°57′21.99″	2.50	—	—
	4	29°28′41.98″	121°57′22.09″	2.29	—	—
	5	29°28′42.55″	121°57′22.51″	2.01	—	泥
大岙	1	29°28′1.21″	121°58′13.16″	5.12	—	—
	2	29°28′2.25″	121°58′13.58″	2.52	—	—
	3	29°28′3.62″	121°58′14.26″	2.09	0.14	—
	4	29°28′6.07″	121°58′14.64″	1.98	—	泥
白沙湾	1	29°27′24.88″	121°58′6.49″	6.64	0.27	—
	2	29°27′25.44″	121°58′5.73″	4.66	—	—
	3	29°27′26.09″	121°58′5.18″	2.92	0.15	—
	4	29°27′26.67″	121°58′4.46″	1.39	0.12	—
松兰山	1	29°26′42.07″	121°57′3.08″	5.86	—	—
	2	29°26′43.57″	121°57′2.91″	3.66	—	—
	3	29°26′43.89″	121°57′2.86″	3.52	0.14	—
	4	29°26′44.62″	121°57′2.82″	2.70	—	—
	5	29°26′45.36″	121°57′2.80″	1.66	0.12	—
皇城	1	29°14′27.56″	121°57′49.58″	7.31	—	—
	2	29°14′28.49″	121°57′49.56″	5.29	—	—
	3	29°14′29.79″	121°57′49.54″	4.17	0.19	—
	4	29°14′31.55″	121°57′49.51″	3.32	—	—
	5	29°14′32.43″	121°57′49.49″	2.37	0.17	—

图2　下沙沙滩、大岙沙滩及观测断面位置

图 3 和图 4 为下沙和大岙两个沙滩的中间断面的剖面图及底质泥沙中值粒径,剖面转折点位于理论基面以上 2.5 m 左右,转折点向海不远即为淤泥滩面,平均淤泥厚 20 cm 以上,沙泥分界位置约在理论基面以上 2.0 m 处。

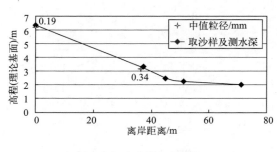

图 3 下沙沙滩剖面特征

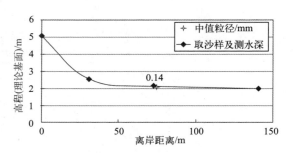

图 4 大岙沙滩剖面特征

2.2 白沙湾沙滩

白沙湾沙滩位于长咀头岬角南侧的小海湾内,海湾口门朝向东南方向,东南向海浪可以直接传播到近岸。白沙湾沙滩处波浪动力比下沙及大岙沙滩处更强,沙滩质量也更优,理论基面以上 1 m 处看不到淤泥。沙滩两侧均有较长的岬角伸出,伸出岸线约 1 000 m。

图 5 白沙湾沙滩及观测断面

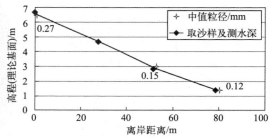

图 6 白沙湾沙滩剖面特征

2.3 松兰山沙滩

松兰山沙滩在白沙湾沙滩南面,沙滩处早已开发的松兰山海滨浴场是浙江省级度假区。松兰山沙滩口门朝向偏东方向,沙滩外侧没有岛屿遮挡,外海波浪可以直接传播到近岸沙滩。沙滩质量较高,理论基面以上 1 m 看不到淤泥(图 9)。沙滩两头有较长的岬角伸出,其中南、北侧伸出岸线约 900 m,南侧岬角外分布 3 个较大的岛屿。

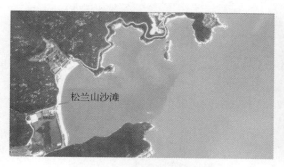

图 7　松兰山沙滩及考察断面

图 8　松兰山沙滩照片

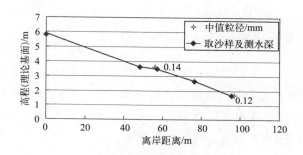

图 9　松兰山沙滩剖面特征

2.4　皇城沙滩

象山皇城沙滩处也已开发成海滨浴场，沙滩所在的海湾湾口朝向偏东方向，外海基本无岛屿掩护，外海波浪可以直接传播到沙滩近岸。皇城沙滩沙质呈褐色，中值粒径为 0.2 mm 左右的细沙，海滨浴场的摩托汽车在沙滩上来往行走。沙滩海湾南、北湾口均有较长的岬角伸出，北侧岬角伸出岸线约 300 m，南侧伸出岸线约 700 m（图 10 至图 12）。

图 10　皇城沙滩考察断面

图 11   皇城沙滩地貌特征照片

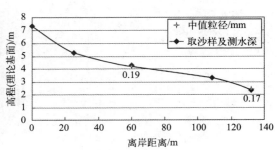

图 12   皇城沙滩剖面特征

3   浙江象山沙滩考察工作小结

通过对本次现场勘查成果与以往的研究、勘查成果的比较，主要有以下几点认识：

（1）象山海岸总体上属于淤泥质海岸。据前人研究，长江口近千年来，每年向海输沙 4.8×10^8 t，其中相当一部分随海流向南输运，为浙江、福建大部分海岸提供了大量细颗粒泥沙沙源，离长江口较近的象山海岸具有淤泥质岸滩属性。在潮流条件下，从卫星图片可见象山近海海域均存在淤泥质海岸所特有的浑浊的水体。

（2）淤泥质象山海岸存在天然沙质岸滩的条件。现场调查表明，特定条件下在象山淤泥质海岸存在 5 个天然沙滩，条件是：

沙质岸滩均位于凹形小海湾内，湾口法向与外海涌浪方向一致，既可以满足近岸沙滩区波浪较强，又不会产生较强的沿岸输沙，避免湾内泥沙流失。

上述沙滩中白沙湾、松兰山和皇城沙滩的两端岬角都较长，从泥沙输运角度来看，可以把外海泥沙挡在沙滩前较远处，对阻止沙滩"泥化"是有利的。而近岸区较强的波浪分选作用将细颗粒泥沙离岸输运，从卫星图片上可以清晰地看到沙滩附近水体比近海区要清澈得多。